量子逻辑和量子信息调控理论研究

任恒峰　著

吉林大学出版社
·长春·

图书在版编目（CIP）数据

量子逻辑和量子信息调控理论研究 / 任恒峰著. --
长春：吉林大学出版社，2023. 4
ISBN 978-7-5768-1671-6

Ⅰ. ①量… Ⅱ. ①任… Ⅲ. ①量子力学-信息传输-
研究 Ⅳ. ①O413. 1

中国国家版本馆 CIP 数据核字（2023）第 081898 号

书　　名　量子逻辑和量子信息调控理论研究
　　　　　LIANGZI LUOJI HE LIANGZI XINXI TIAOKONG LILUN YANJIU

作　　者　任恒峰
策划编辑　黄忠杰
责任编辑　陈　曦
责任校对　单海霞
装帧设计　周香菊
出版发行　吉林大学出版社
社　　址　长春市人民大街 4059 号
邮政编码　130021
发行电话　0431-89580028/29/21
网　　址　http：//www. jlup. com. cn
电子邮箱　jldxcbs@ sina. com
印　　刷　北京联合互通彩色印刷有限公司
开　　本　787mm×1092mm　1/16
印　　张　9. 25
字　　数　180 千字
版　　次　2023 年 4 月　第 1 版
印　　次　2023 年 4 月　第 1 次
书　　号　ISBN 978-7-5768-1671-6
定　　价　69. 00 元

前　言

作者在忻州师范学院物理系从事量子逻辑、量子信息传输等量子信息领域的相关研究二十年左右，本书结合作者对该领域的理解和自身的相关研究成果，从基本的量子理论出发，较为系统地介绍了量子逻辑和量子信息传输的理论体系，以及当前的有关研究进展。

本书分为四章进行介绍。第一章深入浅出地介绍量子逻辑和量子信息传输调控的基本量子理论基础，本章内容属于本科生所学的量子力学基本知识，主要是为后续章节的展开进行铺垫，因而没有过分追求系统性。第二章则是立足于量子计算机研究的迫切性现状，介绍了量子计算机的特点，较为系统地引入了量子逻辑和量子通信理论体系。第三章介绍了作者关于量子逻辑的研究工作：基于硬币模型的量子博弈理论，利用量子硬币为量子计算机中的非、与、或、同或、异或、与非、或非等逻辑功能的实现，提供了合理的理论方案。第四章引入了作者关于量子信息传输调控的研究成果，利用中心对称、方向相反的弱磁场，实现了单比特、二比特量子信息在自旋链上完美传输的量子调控。

本书主要面向希望从事量子信息相关研究的读者，旨在提供一套关于量子逻辑和量子信息传输调控的教科书式的理论体系，但限于作者水平，难以实现周全，不当之处，还请海涵。本书的成稿受到山西省高等学校教学改革创新项目（项目编号：J20220953）的资助，对此作者深表感谢。

任恒峰

2023 年 2 月

前言

目 录

第一章　量子逻辑和量子信息调控的理论基础

随着现代物理学的发展，计算机理论与量子理论相结合，逐渐产生了一门被当前物理学界广为关注的学科领域——量子计算机。量子计算机以其并行计算模式的优势，具有远超经典计算机串行计算的计算速度，并且根据量子不可克隆原理，量子计算机在安全可靠性上具有经典计算机所不可比拟的优越性。又由于摩尔定律的限制，导致经典计算机在硬件的发展上难以获得进一步的突破，因而关于量子计算机理论的深入研究，以及如何使量子计算机逐步从理论走向实验室，最终走向具体的应用，成为当代物理学家研究的热点之一。

作为量子计算机理论的重要研究分支，量子逻辑研究的是量子计算机如何进行各种逻辑功能的计算。量子逻辑门是量子信息存储、运算和处理的基本单元，是进行量子计算最基本的单位，在量子计算中具有举足轻重的地位和作用。如何从理论上实现量子计算机中各种逻辑功能，是量子逻辑研究的重要内容之一。量子信息传输主要研究的则是如何将所制备的量子信息从一个位置 A 传送至目的终端 B。具体而言包含两大类：第一类是实现量子计算机之间信息的传输，称为量子远程通信；第二类则是实现信息在量子计算机内部器件之间的传递，称为量子短程通信。量子信息传输的量子调控理论主要是针对量子短程通信，研究如何借助外界媒介对高保真传输的量子信息进行调整和控制。本书将以量子逻辑和量子信息传输的一般理论为依据，结合作者自身的有关研究，给读者展现量子逻辑功能和量子信息调控理论，并进一步介绍作者相关的研究成果。首先，我们将给读者介绍量子逻辑和量子信息传输调控理论所必需的理论基础，需要说明的是本章不会对所涉及的理论在数学上或者物理上进行系统的讲解，而是面向有一定理论基础的读者进行结论性的引入，并在此基础上进行物理和数学上的相关分析与讨论。

第一节 携带信息的量子态

量子逻辑和量子信息传输都涉及对信息的处理，而量子信息往往是由量子态来承载的，因而在讨论量子逻辑和量子信息传输及其调控理论之前，有必要深入了解量子态理论。量子理论的研究对象是微观粒子，量子理论则是描述微观粒子体系运动规律的理论。根据德布罗意假说，微观粒子具有波粒二相性，亦即像电子、质子、中子这样的粒子，如同光子一样既具有波动性同时又具有粒子性。

一、物理体系的状态

对于任意的一个物理体系而言，必须要深刻理解其状态的物理内涵。所谓物理体系的状态，也往往称为该体系的运动状态，具有瞬时性，它的物理意义是指一旦得知所研究的物理体系在某一时刻 t 的状态后，依据该状态，可以了解到体系全部的物理信息，这里以大家所熟知的经典质点为例进行说明。

对于经典质点而言，一般的力学著作中都会说明其状态可用运动学方程来进行描述：

$$\boldsymbol{r}(t)=x(t)\boldsymbol{i}+y(t)\boldsymbol{j}+z(t)\boldsymbol{k} \tag{1-1}$$

也就是说用质点位置随时间的变化函数来表示质点状态。所谓根据该状态可以了解到质点全部物理信息是指，知道式（1-1）所示的函数形式后，即可知道质点所有与运动有关的物理量的取值情况。例如式（1-1）对时间 t 求一阶导数，可以得到质点的速度

$$\boldsymbol{v}=\frac{\mathrm{d}\boldsymbol{r}(t)}{\mathrm{d}t} \tag{1-2}$$

根据式（1-2）则可以得到质点的动量、动能等物理量，知道了动量，结合式（1-1），可得出质点的角动量、角速度、角加速度，等等；式（1-1）对时间 t 求二阶导数则可以给出质点的加速度

$$\boldsymbol{a}=\frac{\mathrm{d}^2\boldsymbol{r}(t)}{\mathrm{d}t^2} \tag{1-3}$$

根据式（1-3）能够给出质点所受到的合力，等等。

上面的讨论表明，依据描述质点状态的函数式（1-1），可以给出质点所

有运动物理量的取值情况。需要说明的是，我们这里说的是知道所有运动物理量的取值情况，而并没有说是所有运动物理量的确定取值，这是因为对于经典的质点而言，知道取值情况即为知道了物理量的取值，而在量子力学领域，知道取值情况可以有不同的表达。

二、微观粒子的状态

通过经典质点模型可以得知，一旦知道物理体系的状态，则能够依据该状态了解体系全部的物理信息。将这一观念应用到量子理论中，那么描述量子客体的状态一旦知道后，量子客体的全部物理信息也能够全部得知。对于一个具有波粒二相性的微观粒子而言，也希望类似于经典质点，借助一个随时间演化的函数来描述这个体系的状态。由于粒子既具有粒子性又具有波动性，因而很自然地会想到是不是能借助描述粒子性状态的函数或者描述波动性状态的函数，来描述这种具有波粒二相性粒子的状态。用描述粒子性的状态函数——质点运动学方程式（1-1）来描述微观粒子的状态，会导致与量子力学中著名的海森堡不确定关系相违背，因而这种理论方案不成立；用描述波动性的状态函数——波函数来描述体系的状态，关键问题是能否从实验上来验证其正确性，如果正确说明这套方法可行，如果不行还得去寻找其他的方案。

要想从实验上验证用波函数能否描述微观粒子的状态，关键在于知道了波函数后，粒子体系的全部物理信息是否能够得知，也就是说，首先要从理论上能够根据波函数的形式来给出粒子体系的物理信息，然后再从实验上进行验证。量子力学理论告诉我们可以从两个层面进行分析讨论。

第一，如果描述粒子状态的波函数正好处在某一力学量算符$\hat{F}$的本征态φ_n，则此时力学量 F 具有确定的可测值，其值就是本征态 φ_n 所属的本征值λ_n。这里 $\hat{F}$ 的本征值方程为

$$\hat{F}\varphi_n = \lambda_n \varphi_n \tag{1-4}$$

第二，如果波函数所描述的状态 ψ 不是待测力学量算符 $\hat{F}$ 的本征态，ψ 统称为任意态或者一般态，它可以按照本征函数系进行线性展开，即

$$\psi = \sum_n c_n \varphi_n \tag{1-5}$$

式中：展开系数

$$c_n = \int \varphi_n^* \psi \mathrm{d}\tau \tag{1-6}$$

则在该态上力学量 $\hat{F}$ 不具有确定的唯一取值，而是可能取一系列值，这一系

列可能取值就是 $\hat{F}$ 的各个本征值$\{\lambda_n\}$，取某个本征值 λ_n 的概率则可由式（1-5）中属于该本征值的本征态 φ_n 的展开系数 c_n 的模方来表示。

这就表明，微观粒子与经典质点的状态相比较有着本质的不同，经典质点的任意状态上，任意物理量的取值都是确定的；而处在某一态上的微观粒子，只有该态是力学量的本征态时，此力学量才能确定取值，对于非本征态的一般态而言，力学量的取值是概率性的。也就是说，量子力学范畴内，根据体系状态函数来了解体系与运动有关的物理信息，不能像经典质点那样一定要知道物理量确定的取值，更为一般地来讲，可以是知道力学量的可能取值及各可能取值的概率。

根据上述讨论，从理论上来讲，依据微观粒子体系的波函数可以确定出体系各力学量的取值情况，如果能够与实验相吻合，就表明用波函数来描述量子体系的状态是可行的，否则还得再去寻求其他的途径来描述量子体系状态，幸运的是近现代物理学上很多实验都对此进行了验证，表明了该方案的正确性。但需要说明的是，根据上面的讨论方式可知，用波函数来表示微观体系的状态并不是通过严格理论推导而得出的，而是一种猜测，再根据该猜测得出的推论在实验上得到了验证，因而用波函数来表示量子客体的状态是量子力学中的一个基本的假设。

三、玻恩统计诠释和波函数的归一化

上文我们已经明确地说明了可以用波函数来表示量子体系的状态，回过头来看经典质点状态的函数形式——质点运动学方程式（1-1），它是用坐标的函数形式描述了质点的状态，那么是不是也可以将量子状态波函数写成坐标的形式呢？具体而言就是写成 $\psi(\boldsymbol{r}, t)$ 的形式？如果写成这种形式，这样的波函数又体现了什么样的物理含义？

一般意义上来讲，波函数原则上可以以任意力学量作为自变量，动量、能量可以，坐标当然也可以，所以将波函数写成 $\psi(\boldsymbol{r}, t)$ 的形式是可行的，至于这种形式的波函数的物理含义，历史上曾有两种错误的观点：①波是由粒子组成的，根据这种观点，多个粒子体现波动性，而单个粒子不存在波动性，这与微观粒子的波粒二相性是相违背的，因而不成立；②粒子是各自由粒子波函数组成的波包，这可导出自由粒子将充满整个空间，显然这是荒谬的。玻恩提出的波函数的统计诠释获得了广泛认可，他指出：波函数的模方 $|\psi(\boldsymbol{r}, t)|^2$ 给出了微观粒子在 $\boldsymbol{r}$ 处出现的概率，波函数 $\psi(\boldsymbol{r}, t)$ 也称概率幅[7-12]。

波函数的这种物理含义颠覆了我们对传统波函数的认知，比如说对于机械波函数而言，波函数的模方（因为此种情况下波函数是实的，因而也可以是

平方）表示机械波的能量；而描述量子态波函数的模方则与能量没有任何关系，只是体现了概率。在经典的波函数中，一旦其模方改变某一个倍数，则它所描述的波的状态将发生明显的改变；而量子态波函数的模方表示的是概率，一旦波函数 $\psi(\boldsymbol{r},\ t)$ 改变了某一个倍数（假设为 C），变为 $C\psi(\boldsymbol{r},\ t)$，其模方将改变 $|C|^2$ 倍，意味着粒子在空间各点出现的概率同时扩大了 $|C|^2$ 倍，粒子在各点出现的相对概率取值则没有发生任何变化，因而 $C\psi(\boldsymbol{r},\ t)$ 并没有改变 $\psi(\boldsymbol{r},\ t)$ 所描述的粒子状态。这就表明即使粒子体系的状态确定了，其波函数仍然可以存在着一个可以任意改变的常数，继而表明波函数并不是唯一确定的。

为了解决这种波函数不唯一确定的变数情况，可按照对概率的一般性认识，将粒子在空间各点出现的总概率设为 1，从而把波函数中所蕴含的变量 C 唯一地确定出来，这就是波函数的归一化问题。假设波函数 $\psi(\boldsymbol{r},\ t)$ 描述粒子状态时，粒子在空间出现的总概率不等于 1，即 $\psi(\boldsymbol{r},\ t)$ 是未归一化的，为使其归一化，可令

$$\varphi(\boldsymbol{r},\ t) = C\psi(\boldsymbol{r},\ t) \tag{1-7}$$

并要求 $\varphi(\boldsymbol{r},\ t)$ 是归一化的，即要求 $\varphi(\boldsymbol{r},\ t)$ 满足

$$\int_{-\infty}^{+\infty} |\varphi(\boldsymbol{r},\ t)|^2 \mathrm{d}\tau = \int_{-\infty}^{+\infty} |C\psi(\boldsymbol{r},\ t)|^2 \mathrm{d}\tau = 1 \tag{1-8}$$

继而求出

$$C = \frac{1}{\int_{-\infty}^{+\infty} |\psi|^2 \mathrm{d}\tau} \tag{1-9}$$

将其代回式（1-7），可得归一化后的波函数 $\varphi(\boldsymbol{r},\ t)$ 的具体形式，称为归一化波函数，C 称为波函数的归一化系数，求归一化系数的过程称为将波函数进行了归一化。

此外需要注意的是，如果任意波函数 ψ 按照某一力学量 $\hat{F}$ 的本征态 φ_n 进行了线性展开，如式（1-5）所示，则其归一化形式为

$$\int_{-\infty}^{+\infty} |\psi|^2 \mathrm{d}\tau = \int_{-\infty}^{+\infty} \left|\sum_n c_n \varphi_n\right|^2 \mathrm{d}\tau = \sum_n |c_n|^2 = 1 \tag{1-10}$$

如若 $\int_{-\infty}^{+\infty} |\psi|^2 \mathrm{d}\tau = \sum_n |c_n|^2 \neq 1$，即波函数 ψ 是没有归一化的，则可令

$$\varphi = C\psi = \sum_n C c_n \varphi_n \tag{1-11}$$

结合式（1-10）求出归一化系数

$$C = \frac{1}{\sqrt{\sum_n |c_n|^2}} \tag{1-12}$$

从而将 ψ 进行归一化。

四、波函数的一般形式

如同上面讨论的，描述量子体系的波函数原则上可以写成任意力学量的函数形式，波函数这种具体的表示形式就是态的一种表象，这里简单介绍一下量子逻辑和量子信息传输调控理论中用途较为广泛的表象理论。

如式（1-5）所示，量子体系所处的任意量子态一定可以按照任意力学量算符的本征态进行线性展开，即力学量算符的本征函数系是完备的，再结合本征函数的正交归一性，因而任意力学量算符的本征函数一定可以作为基矢量张成一个希尔伯特空间，构成一个表象，而波函数在此表象中就是一个多维的复矢量，其表示形式是态矢量在本征基矢上的投影列成列矩阵的形式。

对于满足式（1-4）的力学量算符 $\hat{F}$ 而言，其本征函数系$\{\boldsymbol{\varphi}_n\}$即为 F 表象中的基矢量集，满足式（1-5）的任意态 $\boldsymbol{\psi}$ 在各本征基矢上的投影是 c_n，排成列矩阵的形式：

$$\boldsymbol{\psi} = \begin{pmatrix} c_1 \\ c_2 \\ \vdots \\ c_n \\ \vdots \end{pmatrix} \tag{1-13}$$

式（1-13）就是量子态 $\boldsymbol{\psi}$ 在 F 表象中的矩阵形式，式中各个矩阵元 c_n 由式（1-6）所决定。

如果力学量 F 的本征值谱是连续的，那么 $\boldsymbol{\psi}$ 在 F 表象中的表示形式仍然是一个列矩阵，只不过各矩阵元不像式（1-13）所示的那样具有明显分立的形式，而是连续分布的，即

$$\boldsymbol{\psi} = (c(\lambda)) \tag{1-14}$$

式中：λ 是连续变化的本征值，可直接用 $c(\lambda)$（λ 连续变化）来代替这个连续列矩阵。对于具有连续本征值谱的坐标表象而言，可用 φ 来代替 c，用 $\boldsymbol{r}$ 代替 λ，此即坐标表象中波函数的空间部分 $\varphi(\boldsymbol{r})$。

通过这里的讨论显然可以发现，正如同一矢量在不同坐标系中具有不同的数学形式一样，同一个量子体系的同一状态在不同表象中的表达形式应该也是不一样的，但是从物理意义上来讲，这种不同的数学表达形式所展现出来的物

理思想和物理规律必须应是一样的，因为表象是人们根据不同的需要主观选择的，而物理思想和物理规律则是客观的，人为的主观选择当然不会改变客观存在的物理规律。因而很自然地，也如同坐标系之间的变换一样，在不同表象之间应该存在着一定的变换关系，使得同一状态的数学表示形式在不同表象之间进行转换，这个问题在后面将会进行进一步的讨论。

在确定的三维的实坐标系中，矢量 $\boldsymbol{r}$ 具有确定的正交分解表达式，从而可利用该正交分解式进行具体的计算，但需要注意的是，在不选择任何坐标系时，这一矢量可以直接表示成抽象的 $\boldsymbol{r}$，利用矢量运算法则（如平行四边形）也可以对其进行运算。量子态在某一表象或者希尔伯特空间中也是一个矢量，且是一个多维的复矢量，现在的问题是能不能也将该矢量表示成不依赖于任何表象或空间的抽象矢量形式，能不能也可以对这种抽象的矢量直接进行计算？

为了解决这一问题，狄拉克提出了一套科学的方案。狄拉克提出用右矢符号“$|\rangle$”来表示希尔伯特空间中的量子态矢量，这种矢量表示方式类似于坐标系中抽象的 $\boldsymbol{r}$，不依赖于任何的表象，是一种抽象的多维复矢量，其共轭矢量是左矢“$\langle|$”，左矢和右矢均称为狄拉克符号，它们之间满足如下关系：

$$\langle | = (|\rangle)^{\dagger} \tag{1-15}$$

在具体表示一个态矢量时，只需要将代表这个态物理属性或者物理特点的参量写入狄拉克符号里面去即可。在实际操作时往往会遇到以下几种情况。

（1）表示量子体系状态的一般波函数，可直接将该波函数的符号写入，如 $|\boldsymbol{\Phi}\rangle$、$|\boldsymbol{\Psi}\rangle$ 等，相应的左矢分别为 $\langle\boldsymbol{\Phi}|$、$\langle\boldsymbol{\Psi}|$ 等。

（2）本征函数是将该本征函数所属的本征值符号写入，如哈密顿算符、坐标算符、动量算符的本征态可分别记为 $|E_n\rangle$、$|x\rangle$、$|\boldsymbol{p}\rangle$ 等，相应的左矢分别为 $\langle E_n|$、$\langle x|$、$\langle\boldsymbol{p}|$ 等。

（3）如果力学量具有量子化的本征值，则往往把本征函数或者本征值所对应的量子数写入，从而来表示该本征态，如上面哈密顿算符的本征函数 $|E_n\rangle$ 可写成 $|n\rangle$，自旋平方算符和自旋 z 方向分量算符的本征态可写作 $|sm_s\rangle$ 等等。

采用这种抽象的狄拉克符号来描述量子体系状态时，这些抽象的矢量之间可以不借助任何表象而进行直接的计算，例如任意两个态矢量 $|\boldsymbol{\Phi}\rangle$ 和 $|\boldsymbol{\Psi}\rangle$ 之间的标积可以表示为 $\langle\boldsymbol{\Phi}|\boldsymbol{\Psi}\rangle$，其结果是一个数；二者之间的矢积可以表示为 $|\boldsymbol{\Phi}\rangle\otimes|\boldsymbol{\Psi}\rangle$，结果仍然是一个矢量。此外，利用狄拉克符号表示抽象的态还需注意以下几个问题。

（1）在某一表象（设其本征态为 $|\lambda\rangle$）中，任意态 $|\psi\rangle$ 的表示形式为 $\langle\lambda|\psi\rangle$，例如该态在坐标表象中的函数形式为 $\langle x|\psi\rangle$，在动量表象中的函数形式

为 $\langle \boldsymbol{p}|\psi\rangle$，在能量表象中为$\langle n|\psi\rangle$ 等。

(2) 同一力学量算符属于不同本征值的本征函数之间的正交归一性表示为

$$\langle n|m\rangle=\delta_{nm} \tag{1-16}$$

(3) 本征矢具有封闭性：

$$\left.\begin{array}{l}\sum\limits_{n}|n\rangle\langle n|\\ \int|\lambda\rangle\mathrm{d}\lambda\langle\lambda|\end{array}\right\}=1 \tag{1-17}$$

(4) 对于初学者而言，往往认为

$$\psi(x)=|\psi\rangle,\ \psi^{*}(x)=\langle\psi| \tag{1-18}$$

这种认识是错误的，正确的表示方式应该是

$$\psi(x)=\langle x|\psi\rangle,\ \psi^{*}(x)=\langle\psi|x\rangle=(\langle x|\psi\rangle)^{*} \tag{1-19}$$

但以下说法是正确的：

$$\int\psi^{*}(x)\psi(x)\,\mathrm{d}x=\langle\psi|\psi\rangle \tag{1-20}$$

这是因为，利用本征矢的闭合性，有

$$\langle\psi|\psi\rangle=\int\langle\psi|x\rangle\mathrm{d}x\langle x|\psi\rangle=\int\psi^{*}(x)\psi(x)\,\mathrm{d}x \tag{1-21}$$

第二节　迭加原理与力学量的取值问题

量子计算相较于经典信息处理的一个典型优势即为其运算速度的巨大优越性，该优越性是基于量子信息的并行计算的，而量子并行计算的理论依据则是量子态的迭加原理，本节将重点介绍量子态的迭加原理。

一、量子态的迭加原理

经典的机械波、声波、光波等均满足波的迭加原理，该原理指出多列波传播至某一点 P 处时，P 点处的振动可视作各波源所引起的 P 点振动的迭加，换句话说，多列波传播时，其线性迭加也可能是一个波动过程。

在量子力学范畴内，微观粒子体系的状态用波函数来进行描述，而微观粒子则是具有波粒二相性的粒子，因而量子状态波函数的迭加原理必定会展现出与经典迭加原理不同的物理内涵。量子力学态的迭加原理：假设 Ψ_1 和 Ψ_2 是粒子可能所处的状态，那么二者的线性迭加[7-12]

$$\Psi = C_1\Psi_1 + C_2\Psi_2 \tag{1-22}$$

也一定是体系的可能状态，式中 C_1 和 C_2 分别 Ψ_1 和 Ψ_2 态的线性迭加系数。

需要说明的是，形如式（1-22）的迭加原理表明，如果体系处在 Ψ 所描述的状态时，粒子既不处于 Ψ_1 态又不处于 Ψ_2 态，或者换句话说，粒子部分处于 Ψ_1 态，部分处于 Ψ_2 态。假如 Ψ 已经归一化，即迭加系数满足

$$|C_1|^2 + |C_2|^2 = 1 \tag{1-23}$$

则粒子处在 Ψ_1 和 Ψ_2 态的概率分别是 $|C_1|^2$ 和 $|C_2|^2$。

量子态可用波函数来进行描述，说明量子波函数也会展现出干涉、衍射等波的基本特性，而态的迭加原理则从理论上给出了这种波动属性的基本解释。例如为了解释波的干涉现象，我们对式（1-22）再进行深入的讨论，这里的迭加是表征态的波函数的迭加，而不是波函数所描述的概率的迭加，将式（1-22）取模方

$$|\Psi|^2 = |C_1\Psi_1 + C_2\Psi_2|^2 = |C_1\Psi_1|^2 + |C_2\Psi_2|^2 + C_1^* C_2 \Psi_1^* \Psi_2 + C_1 C_2^* \Psi_1 \Psi_2^* \tag{1-24}$$

显然，当粒子处于 Ψ 态上时，粒子在空间一点出现的概率即为 $|\Psi|^2$，亦即 $|C_1\Psi_1|^2 + |C_2\Psi_2|^2 + C_1^* C_2\Psi_1^*\Psi_2 + C_1C_2^*\Psi_1\Psi_2^*$，而不是单纯的 $|C_1\Psi_1|^2 + |C_2\Psi_2|^2$，也就是说除了概率相加之外，粒子出现的概率还取决于 $C_1^* C_2\Psi_1^*\Psi_2 + C_1C_2^*\Psi_1\Psi_2^*$，而后者则正好体现了量子态波函数的相干特性，称为干涉项，它们的存在在实验上表现为干涉图样。

此外，还需说明一点，量子态的迭加原理，对于多个量子态的迭加仍然成立，也就是说如果 Ψ_1，Ψ_2，Ψ_3，…是体系的可能状态，那么所有这些态的线性迭加仍然是体系的可能状态。

二、量子测量引理

对于态的迭加原理，存在一种特殊的情形。如果这里体系的可能状态 Ψ_1，Ψ_2，Ψ_3，…是某一个力学量算符 $\hat{Q}$ 的本征态，相应的本征值分别设为 Q_1，Q_2，Q_3，…，本征值方程为

$$\hat{Q}\Psi_n = Q_n\Psi_n \tag{1-25}$$

这就说明，根据态的迭加原理，$\hat{Q}$ 本征态的线性迭加态

$$\Psi = C_1\Psi_1 + C_2\Psi_2 + \cdots \tag{1-26}$$

也应该是体系的可能状态，即形如式（1-5）所示的任意态按照本征态进行的线性展开其实就是量子态迭加原理的一个特例。

以此为依据分两种情况讨论有关量子测量的问题。

（1）式（1-26）中迭加态上某一个本征态 Ψ_i 的迭加系数为 1，而其他各迭加系数均为 0，这种情况下体系所处的状态 Ψ 正好是力学量算符 $\hat{Q}$ 的本征态，测量力学量 Q 可以得到确定的取值，该值即为属于 Ψ_i 的本征值 Q_i。

（2）更为一般的情形下，式（1-26）中，各迭加系数各异，但满足归一化条件 $|C_1|^2+|C_2|^2+|C_3|^2+\cdots=1$，当体系处在迭加之后的状态 Ψ 上时，根据态的迭加原理，此时可认为体系部分处于各本征态 Ψ_1，Ψ_2，Ψ_3，…上，且处在各态上的概率用归一化迭加系数的模方来表示 $|C_1|^2$，$|C_2|^2$，$|C_3|^2$，…。如第（1）条所讨论的，体系处于本征态时，Q 取相应的本征值，而现在体系处于各本征态 Ψ_1，Ψ_2，Ψ_3，…上的概率为 $|C_1|^2$，$|C_2|^2$，$|C_3|^2$，…，表明此情形下测量力学量 Q 可以得到的取值为力学量算符 $\hat{Q}$ 的各本征值 Q_1，Q_2，Q_3，…，得到这些值的概率分别是 $|C_1|^2$，$|C_2|^2$，$|C_3|^2$，…

这就是有关量子测量理论的基本引理，是一种理想的量子测量，实际中在实验中真正进行量子测量时，测量仪器一定会引起待测客体的扰动，使其状态在测量的过程中发生了改变，因而测量出来的结果不会是测量之前的信息。为了解决这一问题，需要将测量仪器和待测体系视作一个整体的量子体系进行处理，关于这一问题不是本书讨论的重点，感兴趣的读者可参阅相关的量子力学著作。

三、并行计算

所谓并行计算，是相对于经典计算机中逐个计算模式的串行计算而言的，指的是在量子信息处理时对携带多个比特量子信息的量子态同时进行计算的一种信息处理模式。假如携带量子信息的量子态为力学量算符 $\hat{Q}$ 的本征态 Ψ_1，Ψ_2，Ψ_3，…，则形如式（1-26）所示的迭加态发生变化，比如受到力学量算符 $\hat{F}$ 的作用

$$\hat{F}\Psi=\hat{F}(C_1\Psi_1+C_2\Psi_2+\cdots)=C_1\hat{F}\Psi_1+C_2\hat{F}\Psi_2+\cdots \tag{1-27}$$

将会使每个本征态同时发生变化，而这些本征态都是承载量子信息的，即对各个比特的信息同时进行了计算处理。

这种基于量子态迭加原理的并行计算模式，相较于经典串行计算在计算速度上的优势可用巨大来形容，串行计算中各个比特信息逐个进行计算，其运算速度的提升会受到硬件的限制，而并行计算则可以同时对携带大量信息的量子态进行计算，据研究并行计算在计算速度上至少比串行计算快了约 10^{10} 倍。

第三节　定态演化问题

量子信息的传输主要依赖携带信息的量子态的定态动力学演化理论，因而有必要给读者介绍关于此方面的基础量子理论。此外，单纯从物理学研究的角度来讲，物理学主要研究两个方面的主要问题：一是研究物理对象的结构，二是研究物理对象的运动规律。更为本质地来讲，运动决定了结构，因而研究物理对象运动的本质和规律是物理学的主要任务。作为物理学的一个分支领域，量子力学也不例外，它研究的是具有波粒二相性的微观粒子的运动规律。在研究微观粒子运动规律时，需要解决两个关键的任务，第一就是我们第一节内容中所介绍的体系状态的描述问题，量子力学引入了波函数来描述微观粒子体系的状态；还有一个核心问题需要解决，那就是如何根据体系某一时刻的状态来预测下一时刻的状态，也就是描述微观粒子体系状态的波函数随时间的动力学演化问题。本节内容主要讨论如何来描述波函数的动力学演化，以及在量子信息传输领域中应用较为广泛的定态随时演化问题。

一、一般量子态的演化

在经典物理学领域，对于质点这一理想模型，牛顿第二运动定律

$$\boldsymbol{F}=m\boldsymbol{a}=m\frac{\mathrm{d}^2\boldsymbol{r}}{\mathrm{d}t^2} \tag{1-28}$$

给出了其动力学演化规律，给出初始条件后，可通过将式（1-28）进行积分由初始时刻的状态预测出之后任意时刻质点的状态。

在量子力学中，薛定谔以自由粒子的状态为依据，引入了一个普适的方程来描述微观粒子体系的状态随时间的动力学演化规律：

$$\mathrm{i}\hbar\frac{\partial\Psi}{\partial t}=\left[-\frac{\hbar^2}{2m}\nabla_r^2+V(\boldsymbol{r})\right]\Psi \tag{1-29}$$

这个方程称为薛定谔方程，式中 $\mathrm{i}\hbar\frac{\partial}{\partial t}$与能量 E 具有同样的作用，$-\mathrm{i}\hbar\nabla$与动量 $\boldsymbol{p}$具有同样的作用，分别称为能量和动量算符。关于薛定谔方程式（1-29），下面进行以下几点讨论。

（1）方程左边包含了状态函数随时间的演化，因而原则上来讲，给出某

一时刻体系的波函数，可以求出之后任意时刻粒子的波函数，因而符合动力学演化方程的基本要求。

(2) 方程的右边含有对空间的求导算符∇_i^2，给出了波函数随空间的分布变化情况，这体现了描述体系状态的函数 Ψ 的波的性质（因为粒子只能占据空间的一点，而不能在空间中进行分布）。

(3) 可以简单验证给出，如果 Ψ_1 和 Ψ_2 均为方程式（1-29）的解，那么它们的线性迭加 $C_1\Psi_1+C_2\Psi_2$ 也一定是方程的解，即薛定谔方程是线性的，这是态的迭加原理对动力学方程的要求。

(4) 由于薛定谔方程里面含有复量，因而其解也就是描述量子体系状态的波函数，原则上必须是一个复函数。

(5) 从式（1-29）的具体表示形式可以看出，薛定谔方程给出的解（波函数）Ψ 应该是以坐标作为自变量的 $\Psi(\boldsymbol{r},\ t)$，因而这只是坐标表象中动力学方程的表达形式，在任意力学量 F 表象中，薛定谔方程的形式为

$$i\hbar\frac{\partial\Psi}{\partial t}=H\Psi \tag{1-30}$$

式中：

$$H=\frac{p^2}{2m}+V \tag{1-31}$$

称为哈密顿量算符。若 $\boldsymbol{H}$ 和 $\boldsymbol{\Psi}$ 是 F 表象中哈密顿量算符和量子态的矩阵形式：

$$\boldsymbol{H}=\begin{pmatrix} H_{11} & H_{12} & \cdots \\ H_{21} & H_{22} & \cdots \\ \vdots & \vdots & \vdots \end{pmatrix},\quad \boldsymbol{\Psi}=\begin{pmatrix} a_1 \\ a_2 \\ \vdots \end{pmatrix} \tag{1-32}$$

不依赖于任何表象的薛定谔方程的形式则为

$$i\hbar\frac{\partial}{\partial t}|\boldsymbol{\Psi}\rangle=\boldsymbol{H}|\boldsymbol{\Psi}\rangle \tag{1-33}$$

(6) 需要特殊说明的是，薛定谔方程是量子力学中的一个基本假设，其正确性只能从实验上得到验证，且只能对薛定谔方程的推论进行验证。

(7) 薛定谔方程［式（1-29）］给出的是单个粒子所满足的动力学方程，对于含有多粒子的体系而言，薛定谔方程为

$$\begin{aligned} & i\hbar\frac{\partial\,\Psi(\boldsymbol{r}_1,\ \boldsymbol{r}_2,\ \cdots,\ \boldsymbol{r}_N,\ t)}{\partial\ t} \\ &= \left[-\sum_{i=1}^{N}\frac{\hbar^2}{2m_i}\nabla_i^2+V(\boldsymbol{r}_1,\ \boldsymbol{r}_2,\ \cdots,\ \boldsymbol{r}_N)\right]\Psi(\boldsymbol{r}_1,\ \boldsymbol{r}_2,\ \cdots,\ \boldsymbol{r}_N,\ t) \end{aligned} \tag{1-34}$$

式中：$V(\boldsymbol{r}_1, \boldsymbol{r}_2, \cdots, \boldsymbol{r}_N)$是各粒子所受的各种势能项，既可以包含整个体系受到的势能，也可以包含粒子之间的相互作用势能。

二、定态演化问题

量子体系的状态有一种特殊的情况，当粒子处于这种状态时，体系的能量取确定值不随时间而变化，这种状态称为定态，具有定态能量值的哈密顿量体系称为定态体系。接下来我们来讨论对于这样的体系而言，其状态波函数如何随时间演化，方便起见，在坐标表象下讨论该问题。

如果微观粒子体系的哈密顿量算符与时间无关，根据式（1–29）可知，势能项与时间无关，仅仅是坐标的函数，则式（1–29）中空间和时间相互独立，可以将二者进行分离变量处理，将体系波函数写成空间部分与时间部分之积：

$$\boldsymbol{\Psi}(\boldsymbol{r}, t) = \psi(\boldsymbol{r}) f(t) \tag{1-35}$$

式中：$\psi(\boldsymbol{r})$只与空间坐标$\boldsymbol{r}$有关，称为波函数的空间部分；$f(t)$只与时间t有关，称为波函数的时间部分。

将式（1–35）代入薛定谔方程（1–29）中，可以得到

$$\mathrm{i}\hbar \frac{\partial}{\partial t}\psi(\boldsymbol{r}) f(t) = \left[-\frac{\hbar^2}{2m}\nabla_r^2 + V(\boldsymbol{r})\right]\psi(\boldsymbol{r}) f(t) \tag{1-36}$$

等式左边在对时间进行求导时，$\psi(\boldsymbol{r})$可以视作一个常量；同理右边对空间求导时，$f(t)$可以视作常量。式（1–36）等号两端同时除以$\psi(\boldsymbol{r}) f(t)$可以得到

$$\mathrm{i}\hbar \frac{\partial}{\partial t} f(t) = \left[-\frac{\hbar^2}{2m}\nabla_r^2 + V(\boldsymbol{r})\right]\psi(\boldsymbol{r}) \tag{1-37}$$

由于式（1–37）的等号左边只与时间t有关，而等号右边只与空间$\boldsymbol{r}$有关，再结合等号两边量纲必须相同的要求，能够得出，若该等式成立，左边和右边必须等于同一个常量，设这个常量为E，从而将式（1–37）分成两个等式：

$$\mathrm{i}\hbar \frac{\partial}{\partial t} f(t) = E f(t) \tag{1-38}$$

和

$$\left[-\frac{\hbar^2}{2m}\nabla_r^2 + V(\boldsymbol{r})\right]\psi(\boldsymbol{r}) = E\psi(\boldsymbol{r}) \tag{1-39}$$

由式（1–38）可直接解出波函数的时间部分为

$$f(t) = C\mathrm{e}^{-\frac{\mathrm{i}Et}{\hbar}} \tag{1-40}$$

式中：C是任意的常数，可以将其归到波函数的空间部分$\psi(\boldsymbol{r})$中去，最终通

过归一化来确定。而 $\psi(\boldsymbol{r})$ 则由式（1-39）确定，当具体模型确定后，$V(\boldsymbol{r})$ 有了具体的形式，原则上可以解出 $\psi(\boldsymbol{r})$ 来，从而得到最终整体的波函数为

$$\Psi(\boldsymbol{r},\ t)=\psi(\boldsymbol{r})\mathrm{e}^{-\frac{\mathrm{i}Et}{\hbar}} \tag{1-41}$$

在分离变量的过程中，引入了常量 E，这里讨论这个常量的物理意义。在式（1-41）所示的态函数中，其角频率 $\omega=\dfrac{E}{\hbar}$，从而可给出

$$E=\hbar\omega \tag{1-42}$$

考虑到德布罗意假设，可以发现这里所引入的 E 是体系的能量，由于 E 为常量，说明它不会发生改变，而能量不发生改变的状态即为定态，所以本部分内容最开始所提到的特殊状态——定态就是形如式（1-41）所示的状态。

此外需要注意的是，对于定态波函数而言，关键在于求解满足式（1-39）的波函数的空间部分，因而也往往将定态波函数的空间部分 $\psi(\boldsymbol{r})$ 直接称为定态波函数。考虑到式（1-31），式（1-39）可写为

$$H\psi(\boldsymbol{r})=E\psi(\boldsymbol{r}) \tag{1-43}$$

即定态波函数就是哈密顿算符的本征函数，定态能量值即为哈密顿算符的本征值，相应地，将式（1-39）称为定态薛定谔方程。

三、定态问题中任意态函数的求解

通过定态薛定谔方程，求出 $\psi(\boldsymbol{r})$，将其代入式（1-41），可以得到最终的定态波函数形式，通过定态波函数与初始条件，并结合量子态的迭加原理，即可给出任意时刻体系的状态函数。

坐标表象中的薛定谔方程式（1-29）可以写成

$$\mathrm{i}\hbar\frac{\partial\Psi(\boldsymbol{r},\ t)}{\partial t}=H\Psi(\boldsymbol{r},\ t) \tag{1-44}$$

将波函数和时间 t 项各放在等号的一边，从而有

$$\frac{\partial\Psi(\boldsymbol{r},\ t)}{\Psi(\boldsymbol{r},\ t)}=-\frac{\mathrm{i}}{\hbar}H\partial t \tag{1-45}$$

考虑定态演化问题，即哈密顿量算符中不显含时间的情况，则等号右边的 H 可以视作恒定算符来对待，两边同时积分可得

$$\ln\Psi(\boldsymbol{r},\ t)=-\frac{\mathrm{i}}{\hbar}Ht+D \tag{1-46}$$

式中：D 是一个积分常量，由体系的初始条件所决定。两边同时取对数则有

$$\Psi(\boldsymbol{r},\ t)=\mathrm{e}^{-\frac{\mathrm{i}}{\hbar}Ht}\mathrm{e}^{D} \tag{1-47}$$

假设体系初始时刻所处的状态设为是 $\Psi(\boldsymbol{r},\ 0)$，代入上式可以得到

$$e^{D}=\Psi(\boldsymbol{r},\ 0) \tag{1-48}$$

将式（1-48）代入式（1-47）：

$$\Psi(\boldsymbol{r},\ t)=e^{-\frac{i}{\hbar}Ht}\Psi(\boldsymbol{r},\ 0) \tag{1-49}$$

即可由初始条件 $\Psi(\boldsymbol{r},\ 0)$ 利用上式给出之后任意时刻波函数的形式，式中 $e^{-\frac{i}{\hbar}Ht}$ 的作用是使初始时刻的状态 $\Psi(\boldsymbol{r},\ 0)$ 演化成为 t 时刻的状态 $\Psi(\boldsymbol{r},\ t)$，因而也往往将该项称为演化算符。

为了进一步计算的需要，可以将初始时刻波函数的形式按照哈密顿算符的本征函数（仅考虑波函数空间部分）进行线性展开。假设

$$H\varphi_n=E_n\varphi_n \tag{1-50}$$

即 E_n 和 φ_n 分别是哈密顿量算符 H 的本征值和本征态，将 $\Psi(\boldsymbol{r},\ 0)$ 按照 $\{\varphi_n\}$ 线性展开则有

$$\Psi(\boldsymbol{r},\ 0)=\sum c_n\varphi_n \tag{1-51}$$

式中：

$$c_n=\int\varphi_n^*\Psi(\boldsymbol{r},\ 0)\,d\tau \tag{1-52}$$

将式（1-51）代入式（1-49）可以得到

$$\Psi(\boldsymbol{r},\ t)=e^{-\frac{i}{\hbar}Ht}\sum c_n\varphi_n=\sum c_n e^{-\frac{i}{\hbar}Ht}\varphi_n \tag{1-53}$$

式中：

$$e^{-\frac{i}{\hbar}Ht}\varphi_n=e^{-\frac{i}{\hbar}E_nt}\varphi_n \tag{1-54}$$

从而可得

$$\Psi(\boldsymbol{r},\ t)=\sum c_n e^{-\frac{i}{\hbar}E_nt}\varphi_n \tag{1-55}$$

总结一下，如果知道了某一量子定态体系在初始时刻的状态，求解之后任意 t 时刻的状态可以分成以下三步来进行：

（1）首先讨论出哈密顿量算符的本征问题，给出该模型的能量本征值和本征态，如式（1-50）所示；

（2）将体系初始时刻所处的状态按照哈密顿算符的本征态进行线性展开，并求出线性展开系数，如式（1-51）和（1-52）所示；

（3）给展开式的每一项赋予一个含时的 e 指数演化因子，如式（1-55）所示。

我们以坐标表象下的形式为代表讨论了定态模型的随时演化问题，对于任意的其他表象或者不依赖于任何表象的抽象形式而言，该讨论的结论仍然成立。比如任意时刻状态用狄拉克符号表示时，有

$$|\Psi\rangle = \sum c_n e^{-\frac{i}{\hbar}E_n t} | n\rangle \tag{1-56}$$

为了更加具体地说明问题，这里我们引入一个定态随时演化的典型案例。一个自由转子可视作一个量子“刚体”，其惯性矩设为 I_z，自由地在 xy 平面内转动，φ 为转角，假设初始 $t=0$ 时刻转子状态可由波包 $\psi(0)=A\sin^2\varphi$ 来描述，现在讨论之后任意 t 时刻体系的状态波函数 $\psi(t)$。根据前面的讨论，首先应该观察该问题是否是一个定态演化问题，即哈密顿量算符是否与时间无关，由量子“刚体”模型可以给出，自由转子哈密顿量算符为

$$\hat{H}=\frac{\hat{L}_z^2}{2I_z} \tag{1-57}$$

不含时间，因而可用定态理论解决。首先讨论哈密顿算符的本征问题，即求解定态薛定谔方程，

$$\hat{H}\varphi(\phi)=\frac{\hat{L}_z^2}{2I_z}\varphi(\phi)=E\varphi(\phi) \tag{1-58}$$

考虑到 $\hat{L}_z=-i\hbar\frac{\partial}{\partial\ \phi}$，从而可将式（1-58）整理成为

$$\frac{d\varphi^2}{d\phi^2}+\frac{2I_z E}{\hbar^2}\varphi=0 \tag{1-59}$$

令 $k^2=\frac{2I_z E}{\hbar^2}\varphi$，则上式化为

$$\frac{d\varphi^2}{d\phi^2}+k^2\varphi=0 \tag{1-60}$$

赋予 k 正负号的意义，其解可以设为

$$\varphi(\phi)=Be^{ik\phi} \tag{1-61}$$

转动问题满足自然的周期性边界条件，代入上式有

$$Be^{ik\phi}=Be^{i(k+2\pi)\phi}$$

得到这里的 k 只能取整数，令

$$k\equiv m,\ m=0,\ \pm1,\ \pm2,\ \cdots$$

从而可以得到体系的定态波函数和定态能量值分别取为

$$\varphi_m(\phi)=Be^{im\phi},\quad E_m=\frac{m^2\hbar^2}{2I_z},\quad m=0,\ \pm1,\ \pm2,\ \cdots \tag{1-62}$$

考虑到波函数的归一化条件，

$$\int_0^{2\pi}\varphi_m^*(\phi)\,\varphi_m(\phi)\,d\phi = 1 \tag{1-63}$$

可以得到归一化系数 $B=\dfrac{1}{\sqrt{2\pi}}$，则归一化的定态波函数为

$$\varphi_m(\phi)=\frac{1}{\sqrt{2\pi}}\mathrm{e}^{im\phi} \tag{1-64}$$

当然，也可以利用哈密顿量算符 $\hat{H}$ 与角动量 z 分量算符 $\hat{L}_z$ 是对易的，二者具有共同的本征函数系，从而得出相同的结果。

将初始时刻体系所处的状态函数按照哈密顿量算符的本征函数式（1-64）进行线性展开：

$$\psi(0)=\sum c_n\varphi_n(\phi) \tag{1-65}$$

式中：

$$c_n=\int\varphi_n(\phi)\,\psi(0)\,\mathrm{d}\phi \tag{1-66}$$

也可根据 $\psi(0)$ 的形式直接进行展开，得到

$$\psi(0)=A\sin^2\phi=A\left(\frac{1-\cos2\phi}{2}\right)=\frac{A}{2}-\frac{A}{2}\frac{(\mathrm{e}^{2\mathrm{i}\phi}+\mathrm{e}^{-2\mathrm{i}\phi})}{2}=\frac{A}{2}-\frac{A}{4}\mathrm{e}^{2\mathrm{i}\phi}-\frac{A}{4}\mathrm{e}^{-2\mathrm{i}\phi} \tag{1-67}$$

即

$$\psi(0)=\frac{A}{2}\varphi_0-\frac{A}{4}\varphi_2-\frac{A}{4}\varphi_{-2}$$

给上式求和的每一项赋予相应的 e 指数相因子，可以得到之后任意 t 时刻的波函数形式：

$$\psi(t)=\frac{A}{2}\varphi_0\mathrm{e}^{-\frac{\mathrm{i}E_0t}{\hbar}}-\frac{A}{4}\varphi_2\mathrm{e}^{-\frac{\mathrm{i}E_2t}{\hbar}}-\frac{A}{4}\varphi_{-2}\mathrm{e}^{-\frac{\mathrm{i}E_{-2}t}{\hbar}} \tag{1-68}$$

将式（1-62）和（1-64）代入式（1-68），并整理可得

$$\psi(t)=\frac{A}{2}-\frac{A}{4}\left[\mathrm{e}^{-\mathrm{i}\left(-2\phi+\frac{2\hbar t}{2I_Z}\right)}+\mathrm{e}^{-\mathrm{i}\left(2\phi+\frac{2\hbar t}{2I_Z}\right)}\right] \tag{1-69}$$

对于 $\psi(0)$ 而言，里面含有未知的系数 A，可通过归一化进行确定，即

$$\int_0^{2\pi}|A|^2\sin^4\phi\mathrm{d}\phi=1 \tag{1-70}$$

给出

$$A=\frac{2}{\sqrt{3\pi}} \tag{1-71}$$

代入式（1-69），得出最终 t 时刻的波函数为

$$\psi(t)=\frac{1}{\sqrt{3\pi}}-\frac{1}{2\sqrt{3\pi}}\left[\mathrm{e}^{-\mathrm{i}\left(-2\phi+\frac{2\hbar t}{2I_Z}\right)}+\mathrm{e}^{-\mathrm{i}\left(2\phi+\frac{2\hbar t}{2I_Z}\right)}\right] \tag{1-72}$$

由此可见，对于量子力学中的定态演化问题而言，往往并不需要求解含时薛定谔方程就可以解决体系状态的演化问题，从而为解决这类问题带来了很大的便利性。在量子信息传输领域，信息的传输主要依赖承载信息的量子态的演化，如果传输信息信道系统的哈密顿量不包含时间变量，则可利用上述方法讨论信息的传输问题。

第四节　算符的表象和表象变换

我们在第一节中提到要描述量子体系的状态，需要在给出体系的状态函数后，进而得到体系全部的物理信息，而所谓物理信息即体系力学量的取值情况；对于描述体系状态的波函数而言，选择不同的表象，波函数具有不同的数学表达形式。进而，我们自然就会想到，量子力学中的力学量在具体表象中该如何表示？在不同表象之间，力学量又该如何进行变换？本节我们将引入算符的表象理论来解决这些问题。

一、算符的表象

量子力学中的力学量用算符表示，其最基本的作用是作用在一个态上，得到另外一个态。考虑到力学量的取值应为实数，所以这就要求表示力学量的算符的本征值必须是实数，即力学量算符必须是厄米算符；又由于量子态迭加原理的限制，要求力学量算符是线性算符。假如力学量 Q 的本征值方程是

$$\hat{Q}\varphi_n(\boldsymbol{r})=Q_n\varphi_n(\boldsymbol{r}) \tag{1-73}$$

则其本征函数系$\{\varphi_n\}$作为基矢可以张成一个希尔伯特空间，构成 Q 表象。在这个表象中，任意力学量算符 $\hat{F}$ 的数学表示形式是一个方矩阵：

$$\boldsymbol{F}=\begin{pmatrix} F_{11} & F_{12} & \cdots & F_{1n} & \cdots \\ F_{21} & F_{22} & \cdots & F_{2n} & \cdots \\ \vdots & \vdots & \vdots & \vdots & \vdots \\ F_{m1} & F_{m2} & \cdots & F_{mn} & \cdots \\ \vdots & \vdots & \vdots & \vdots & \vdots \end{pmatrix} \tag{1-74}$$

它的矩阵元可由如下公式进行计算：

$$F_{nm} = \int \varphi_n^*(\boldsymbol{r}) \hat{F} \varphi_m(\boldsymbol{r}) \, \mathrm{d}\tau \tag{1-75}$$

需要说明的是，在式（1-75）中 $\varphi_m(\boldsymbol{r})$ 是 $\hat{Q}$ 的本征函数在坐标表象中的表示形式，这从它写成了坐标作为自变量的函数这一形式中可以看出，但这并不影响 F_{nm} 是力学量算符 $\hat{F}$ 在 Q 表象中矩阵表示的矩阵元这一事实。一般来讲，F_{nm} 可以写成狄拉克符号表示的形式：

$$F_{nm} = \langle n | \hat{F} | m \rangle \tag{1-76}$$

式中：$|m\rangle$ 和 $|n\rangle$ 是 $\hat{Q}$ 不依赖于任何表象的本征函数，本身没有具体的数学形式，为了进行计算，在式（1-76）的等号右边需要选取一个任意的第三方表象，将 $|m\rangle$ 和 $|n\rangle$ 在这个第三方表象中写出，式（1-75）即为选择了坐标表象作为第三方表象；同样我们也可以选择第三方表象为动量表象或者其他任意的表象，如果选择动量表象，还可以有

$$F_{nm} = \int \varphi_n^*(\boldsymbol{p}) \hat{F} \varphi_m(\boldsymbol{p}) \, \mathrm{d}\boldsymbol{p} \tag{1-77}$$

式（1-75）和（1-77）计算出的 F_{nm} 是相同的，这就表明这里第三方表象的不同选择不会影响物理上所要计算的结果，这也是很自然的事情，因为表象是主观上根据需要选择的，而物理的规律是客观的，主观选择自然不会改变客观的物理规律。

在 Q 表象中，算符 $\hat{F}$ 的本征值方程形式为

$$\begin{pmatrix} F_{11} & F_{12} & \cdots & F_{1n} & \cdots \\ F_{21} & F_{22} & \cdots & F_{2n} & \cdots \\ \vdots & \vdots & \vdots & \vdots & \vdots \\ F_{m1} & F_{m2} & \cdots & F_{mn} & \cdots \\ \vdots & \vdots & \vdots & \vdots & \vdots \end{pmatrix} \begin{pmatrix} c_1 \\ c_2 \\ \vdots \\ c_m \\ \vdots \end{pmatrix} = f_n \begin{pmatrix} c_1 \\ c_2 \\ \vdots \\ c_m \\ \vdots \end{pmatrix} \tag{1-78}$$

二、力学量算符的自身表象

在表象理论中有一类特殊的情况需要进行讨论，即力学量算符和态函数在该力学量自身表象中该如何进行表示。假设仍然讨论上面所介绍的 Q 表象，算符 $\hat{Q}$ 的本征值方程如式（1-73）示，现在我们讨论第一小部分中的力学量 F 就是 Q 时，即在 Q 的自身表象中，算符 $\hat{Q}$ 及其本征态的矩阵表示形式是什么。

按照表象中力学量算符矩阵的矩阵元公式（1-76），可得 $\hat{Q}$ 矩阵元的一般形式为

$$Q_{nm}=\langle n|\hat{Q}|m\rangle \tag{1-79}$$

式中：$|m\rangle$ 和 $\langle n|$ 分别是用狄拉克符号所表示的算符 $\hat{Q}$ 本征态的右矢和左矢形式，考虑其本征值方程式（1-73），并结合本征函数的正交归一关系：

$$\langle n|m\rangle=\delta_{nm} \tag{1-80}$$

从而可以得到

$$Q_{nm}=Q_n\delta_{nm} \tag{1-81}$$

这表明，在自身表象下，$\hat{Q}$ 的矩阵应是一个对角矩阵：

$$\boldsymbol{Q}=\begin{pmatrix} Q_1 & 0 & \cdots & 0 & \cdots \\ 0 & Q_2 & \cdots & 0 & \cdots \\ \vdots & \vdots & \vdots & \vdots & \\ 0 & 0 & \cdots & Q_n & \cdots \\ \vdots & \vdots & \vdots & \vdots & \end{pmatrix} \tag{1-82}$$

式中：对角元是算符 $\hat{Q}$ 的各个本征值。

为了求得在自身表象下算符 $\hat{Q}$ 本征态的表示形式，可列出式（1-82）所示 $\hat{Q}$ 矩阵的本征值方程：

$$\begin{pmatrix} Q_1 & 0 & \cdots & 0 & \cdots \\ 0 & Q_2 & \cdots & 0 & \cdots \\ \vdots & \vdots & \vdots & \vdots & \vdots \\ 0 & 0 & \cdots & Q_n & \cdots \\ \vdots & \vdots & \vdots & \vdots & \vdots \end{pmatrix}=\begin{pmatrix} c_1 \\ c_2 \\ \vdots \\ c_m \\ \vdots \end{pmatrix}=Q_n\begin{pmatrix} c_1 \\ c_2 \\ \vdots \\ c_m \\ \vdots \end{pmatrix} \tag{1-83}$$

结合本征函数的归一化条件，可以得出各本征态的形式为

$$\boldsymbol{V}_1=\begin{pmatrix} 1 \\ 0 \\ 0 \\ \vdots \\ 0 \end{pmatrix},\quad \boldsymbol{V}_2=\begin{pmatrix} 0 \\ 1 \\ 0 \\ \vdots \\ 0 \end{pmatrix},\quad \boldsymbol{V}_3=\begin{pmatrix} 0 \\ 0 \\ 1 \\ \vdots \\ 0 \end{pmatrix},\quad \cdots,\quad \boldsymbol{V}_2=\begin{pmatrix} 0 \\ 0 \\ 0 \\ \vdots \\ 1 \end{pmatrix} \tag{1-84}$$

从另一个角度而言，在 Q 表象中，任意量子态的形式可以进行如下处理：

$$\boldsymbol{\Phi}=\begin{pmatrix}a_1\\a_2\\a_3\\\vdots\\a_i\end{pmatrix}=a_1\begin{pmatrix}1\\0\\0\\\vdots\\0\end{pmatrix}+a_2\begin{pmatrix}0\\1\\0\\\vdots\\0\end{pmatrix}+a_3\begin{pmatrix}0\\0\\1\\\vdots\\0\end{pmatrix}+\cdots+a_i\begin{pmatrix}0\\0\\0\\\vdots\\1\end{pmatrix} \tag{1-85}$$

从而可将此表象复空间的基矢选作式（1-84）的形式，而这些基矢则正是算符 $\hat{Q}$ 的本征态，所以式（1-84）作为自身表象下算符 $\hat{Q}$ 本征态的形式自然是成立的。

三、幺正变换

根据上面的讨论，如同量子态的情形，同一个算符在不同表象下的矩阵形式是不相同的，因而在进行具体计算时，涉及算符矩阵的情形时，必须要明确所选择的表象，尤其是在某力学量算符自身表象下，矩阵为一对角阵，且对角元恰好是该算符的本征态。也正如对量子态函数的分析一样，尽管我们在处理具体量子问题时可以任意选择表象，然而不同表象中这些态函数以及算符不同的数学表示形式不能改变其中所蕴含的物理规律，即在各表象中，物理规律必须都是一样的。关于这一点可以与经典物理学中所涉及的坐标变换相联系，在经典物理学中，我们处理物理问题可以根据需要选择任意的坐标系，不同坐标系下运动规律的数学表达形式可能不一样，但这些不同的数学形式所展现的运动规律都是一样的，需要注意的是，不同的经典坐标系之间存在着一定的变换关系，从而使得相应的数学表达形式通过坐标变换在不同坐标系之间进行转换。很自然地，我们应该能够想到，在量子力学范畴内不同表象之间是不是也应该有这种表象间的变换关系存在？这种变换关系如何实现不同表象之间的转换？

量子力学中不同表象之间的变换关系称为幺正变换，它通过一个幺正矩阵 $\boldsymbol{S}$ 来实现量子态函数和力学量算符在不同表象之间的变换。幺正矩阵 $\boldsymbol{S}$ 满足如下基本关系：

$$\boldsymbol{S}^{-1}=\boldsymbol{S}^{+},\qquad \boldsymbol{S}^{+}\boldsymbol{S}=\boldsymbol{S}\boldsymbol{S}^{+}=\boldsymbol{I} \tag{1-86}$$

即，幺正矩阵的逆矩阵与其厄米共轭矩阵相等。特别需要注意的是，幺正矩阵和厄米矩阵是两种不同的矩阵。

量子态 $\boldsymbol{\Psi}$ 从力学量 A 表象到力学量 B 表象的幺正变换关系是

$$\boldsymbol{S}^{-1}\boldsymbol{\Psi}_{(A)}=\boldsymbol{\Psi}_{(B)} \tag{1-87}$$

力学量算符 $\hat{F}$ 在两个表象中的变换关系是

$$S^{-1}F_{(A)}S=F_{(B)} \tag{1-88}$$

因而，要想实现态或者力学量在不同表象之间的变换，关键在于求出两表象之间的幺正变换矩阵。

下面结合典型案例着重讨论两表象之间幺正变换矩阵的求解以及具体的幺正变换过程。考虑三个力学量 A，B 和 C，假如在 A 表象中，三个力学量算符的矩阵形式为

$$\begin{cases} \boldsymbol{A}=\begin{pmatrix} A_1 & 0 & \cdots & 0 & \cdots \\ 0 & A_2 & \cdots & 0 & \cdots \\ \vdots & \vdots & \vdots & \vdots & \vdots \\ 0 & 0 & \cdots & A_n & \cdots \\ \vdots & \vdots & \vdots & \vdots & \vdots \end{pmatrix}, \\ \boldsymbol{B}=\begin{pmatrix} B_{11} & B_{12} & \cdots & B_{1n} & \cdots \\ B_{21} & B_{22} & \cdots & B_{2n} & \cdots \\ \vdots & \vdots & \vdots & \vdots & \vdots \\ B_{m1} & B_{m2} & \cdots & B_{mn} & \cdots \\ \vdots & \vdots & \vdots & \vdots & \vdots \end{pmatrix}, \\ \boldsymbol{C}=\begin{pmatrix} C_{11} & C_{12} & \cdots & C_{1n} & \cdots \\ C_{21} & C_{22} & \cdots & C_{2n} & \cdots \\ \vdots & \vdots & \vdots & \vdots & \vdots \\ C_{m1} & C_{m2} & \cdots & C_{mn} & \cdots \\ \vdots & \vdots & \vdots & \vdots & \vdots \end{pmatrix} \end{cases} \tag{1-89}$$

对于 A 来讲是自身表象，所以其矩阵自然是对角化的。为了实现从 A 表象到 B 表象的幺正变换，首先通过 $\boldsymbol{B}$ 矩阵的对角化过程给出两表象间的幺正变换矩阵。根据式（1-89），求出算符 $\hat{B}$ 在 A 表象中的各本征态，分别记为

$$\boldsymbol{W}_1=\begin{pmatrix} a_1 \\ a_2 \\ \vdots \\ a_m \\ \vdots \end{pmatrix},\ \boldsymbol{W}_2=\begin{pmatrix} b_1 \\ b_2 \\ \vdots \\ b_m \\ \vdots \end{pmatrix},\ \boldsymbol{W}_3=\begin{pmatrix} c_1 \\ c_2 \\ \vdots \\ c_m \\ \vdots \end{pmatrix},\ \cdots \tag{1-90}$$

则将 $\boldsymbol{B}$ 向自身表象进行对角化的幺正矩阵即为将上式各本征态排列而得到的矩阵

$$S=\begin{pmatrix} a_1 & b_1 & c_1 & \cdots \\ a_2 & b_2 & c_2 & \cdots \\ \vdots & \vdots & \vdots & \vdots \\ a_m & b_m & c_m & \cdots \\ \vdots & \vdots & \vdots & \vdots \end{pmatrix} \tag{1-91}$$

利用式（1-88）即可得到 B 表象中算符 $\hat{B}$ 的形式，即对角化的矩阵：

$$\boldsymbol{B}_{(B)}=\boldsymbol{S}^{-1}\boldsymbol{B}_{(A)}\boldsymbol{S}=\boldsymbol{S}^{+}\boldsymbol{B}_{(A)}\boldsymbol{S}=\begin{pmatrix} B_1 & 0 & \cdots & 0 & \cdots \\ 0 & B_2 & \cdots & 0 & \cdots \\ \vdots & \vdots & \vdots & \vdots & \vdots \\ 0 & 0 & \cdots & B_n & \cdots \\ \vdots & \vdots & \vdots & \vdots & \vdots \end{pmatrix} \tag{1-92}$$

式中：对角元是算符 $\hat{B}$ 的各个本征值，与直接求式（1-89）中 $\boldsymbol{B}$ 矩阵的久期方程：

$$\begin{vmatrix} B_{11}-B & B_{12} & \cdots & B_{1n} & \cdots \\ B_{21} & B_{22}-B & \cdots & B_{2n} & \cdots \\ \vdots & \vdots & \vdots & \vdots & \vdots \\ B_{m1} & B_{m2} & \cdots & B_{mn}-B & \cdots \\ \vdots & \vdots & \vdots & \vdots & \vdots \end{vmatrix}=0 \tag{1-93}$$

所得到的结论是一致的。

式（1-92）通过式（1-91）所示的幺正矩阵 $\boldsymbol{S}$，实现了 $\boldsymbol{B}$ 矩阵从 A 表象向 $\boldsymbol{B}$ 表象的幺正变换。需要说明的是，这种幺正变换不仅适用于 $\boldsymbol{B}$ 矩阵，对于任意力学量矩阵，都可以用同样的方式来将其从 A 表象幺正变换到 B 表象中去。例如对于 $\boldsymbol{C}$ 矩阵而言，可以将其在 A 表象中的形式（1-89），变换到 B 表象中去，即

$$\boldsymbol{C}_{(B)}=\boldsymbol{S}^{-1}\boldsymbol{C}_{(A)}\boldsymbol{S}=\boldsymbol{S}^{+}\boldsymbol{C}_{(A)}\boldsymbol{S} \tag{1-94}$$

而对于任意的态而言，A 表象向 B 表象的变换可通过式（1-87）来完成。

将式（1-94）等号两边同时左乘一个 $\boldsymbol{S}$ 右乘一个 $\boldsymbol{S}^{+}$，可以得到

$$\boldsymbol{S}\boldsymbol{C}_{(B)}\boldsymbol{S}^{+}=\boldsymbol{S}\boldsymbol{S}^{+}\boldsymbol{C}_{(A)}\boldsymbol{S}\boldsymbol{S}^{+} \tag{1-95}$$

考虑到矩阵 $\boldsymbol{S}$ 的幺正性，有

$$\boldsymbol{S}\boldsymbol{C}_{(B)}\boldsymbol{S}^{+}=\boldsymbol{C}_{(A)} \tag{1-96}$$

引入新的幺正矩阵 $\boldsymbol{U}$，它与 $\boldsymbol{S}$ 之间满足下式：

$$\boldsymbol{U}=\boldsymbol{S}^{+}=\boldsymbol{S}^{-1},\quad \boldsymbol{S}=\boldsymbol{U}^{-1}=\boldsymbol{U}^{+} \tag{1-97}$$

式（1-96）变为

$$\boldsymbol{U}^{+}\boldsymbol{C}_{(B)}\boldsymbol{U}=\boldsymbol{C}_{(A)} \tag{1-98}$$

与幺正变换公式（1-88）对比可知，利用幺正矩阵 $\boldsymbol{U}$ 可以实现力学量算符从 B 表象向 A 表象的幺正变换，即 $\boldsymbol{U}$ 与 $\boldsymbol{S}$ 互为逆变换。通过同样的方式可以得到，利用幺正矩阵 $\boldsymbol{U}$，也可以实现量子态从 B 表象向 A 表象的变换：

$$\boldsymbol{\Psi}_{(A)}=U^{+}\boldsymbol{\Psi}_{(B)} \tag{1-99}$$

一般地，当知道 A 表象下力学量 B 和 C 的矩阵时，可以将 B 在 A 表象下的本征态矩阵列成幺正矩阵 $\boldsymbol{S}$，利用该矩阵可以实现从 A 表象到 B 表象的幺正变换；至于从 B 表象到 A 表象的幺正变换，可以利用幺正矩阵 $\boldsymbol{S}$ 的逆矩阵 $\boldsymbol{U}$ 来实现。

此外，正如本书前面所提及的，表象是人为选择的，而物理规律是客观的，选择不同的表象只是体现为物理规律数学形式上表达的不同，而物理规律本身无论在哪个表象中都得是一样的。比如任意力学量算符 $\hat{F}$ 的本征值方程，在 A 表象中其形式为

$$\boldsymbol{F}_{(A)}\boldsymbol{\psi}_{(A)}=f_n\boldsymbol{\psi}_{(A)} \tag{1-100}$$

将其幺正变换到 B 表象中去：

$$\boldsymbol{S}^{+}\boldsymbol{F}_{(A)}\boldsymbol{S}\boldsymbol{S}^{+}\boldsymbol{\psi}_{(A)}=f_n\boldsymbol{S}^{+}\boldsymbol{\psi}_{(A)} \tag{1-101}$$

即

$$\boldsymbol{F}_{(B)}\boldsymbol{\psi}_{(B)}=f_n\boldsymbol{\psi}_{(B)} \tag{1-102}$$

本征值方程所满足的要求——算符作用在态上等于本征值乘本征态——在两个表象中的式（1-100）和（1-101）是一样的，但具体的算符和态在两个表象中的数学形式则是不同的。本征值方程的要求是物理上的要求，所以不会因为表象不同而不同，但具体力学量算符和态的形式则是数学上的要求，它们会随着表象而变化；另外，力学量算符 $\hat{F}$ 的本征值也属于物理规律，它们的取值也不会因为表象而改变。总而言之，从本质上来讲，表象理论只是给我们提供了对物理规律进行数学计算的方式，其本身并没有带来新的物理上的含义。

第五节 近似方法

在处理具体物理问题时，大多数物理理论是基于理想模型进行讨论的，而

实际存在的模型相较于理想模型而言往往具有少量的偏差，从而需要对理想模型的理论进行小量修正。并且由于物理学从根本上来讲是一门实验学科，数学理论推导得出的结论最终还是应该以符合实验数据作为依据，因而从物理的角度来讲，符合实验现象要求的适当近似处理是必要的。尤其是对于量子理论而言，真正能够精确解析求解的微观粒子体系模型在自然界中是极为少见的，故而为了达到吻合实验的要求，需要借助一些近似方法进行处理。在量子逻辑和量子信息传输的量子调控理论中，常常用到对小量进行级数展开取主要项的方法，本节内容重点引入此近似方法的数学理论基础；此外，微扰理论是量子力学中一种重要的近似方法，在此一并引入。

一、级数展开理论

假如函数$f(x)$在某一点x_0的无限小邻域中是连续的，且在此区域内可以进行任意阶求导，则可将该函数在点x_0附近进行如下泰勒级数展开：

$$f(x)=c_0+c_1(x-x_0)+c_2(x-x_0)^2+\cdots+c_n(x-x_0)^n+\cdots$$

式中：

$$c_0=f(x_0) \tag{1-103}$$

称为函数$f(x)$的零阶近似；其他的c_1，c_2，…，c_n，…称为泰勒级数展开的一阶、二阶、…、n阶展开系数，其值由$f(x)$在x_0处的一阶、二阶、…、n阶导数值所决定：

$$c_1=\frac{f^{(1)}(x_0)}{1!},\ c_1=\frac{f^{(2)}(x_0)}{2!},\ \cdots,\ c_n=\frac{f^{(n)}(x_0)}{n!},\ \cdots \tag{1-104}$$

即泰勒级数展开的一般表达式为

$$\begin{aligned}f(x)&=f(x_0)+\frac{1}{1!}f^{(1)}(x_0)(x-x_0)+\frac{1}{2!}f^{(2)}(x_0)(x-x_0)^2+\cdots\\&\quad+\frac{1}{n!}f^{(n)}(x_0)(x-x_0)^n+\cdots\\&=\sum_{n=0}^{\infty}\frac{1}{n!}f^{(n)}(x_0)(x-x_0)^n\end{aligned} \tag{1-105}$$

在物理学领域，应用更为广泛的泰勒级数展开是函数$f(x)$在原点0处的展开，即麦克劳林级数展开：

$$\begin{aligned}f(x)&=f(0)+\frac{1}{1!}f^{(1)}(0)x+\frac{1}{2!}f^{(2)}(0)x^2+\cdots+\frac{1}{n!}f^{(n)}(0)x^n+\cdots\\&=\sum_{n=0}^{\infty}\frac{1}{n!}f^{(n)}(0)x^n\end{aligned} \tag{1-106}$$

关于泰勒级数展开，需要说明以下几点：

（1）形如式（1-105）和（1-106）所示的级数展开并不是一个近似展开，借助极限的概念去理解，级数展开是绝对成立的。

（2）泰勒级数展开对任意函数都可以进行，前提是该函数在级数展开的中心处可以对自变量进行任意阶求导。

（3）麦克劳林级数展开在物理学上具有特殊的意义，因为在式（1-106）中，如果自变量 x 是一个小量，随着阶数的增大，展开项会迅速地变得越来越小，展开式中的前几项将会主导整个展开式的取值，因而在物理上往往可以根据实际实验上的需要，进行近似的取值，从而为物理上的计算提供一套很好的近似处理方法。一般情况下，往往精确至二级近似。

（4）泰勒级数和麦克劳林级数展开不仅仅对形如 $f(x)$ 的实变量函数成立，对于复变函数而言仍然成立。也就是说，如果复变函数 $F(z)$ 在某一点 $z=0$ 的无限小邻域中连续，且可以进行任意阶求导，则可将该函数在点 $z=0$ 附近进行如下级数展开：

$$
\begin{aligned}
f(x) &= F(0) + \frac{1}{1!}F^{(1)}(0)z + \frac{1}{2!}F^{(2)}(0)z^2 + \cdots + \frac{1}{n!}F^{(n)}(0)z^n + \cdots \\
&= \sum_{n=0}^{\infty} \frac{1}{n!}F^{(n)}(0)z^n \qquad (1\text{-}107)
\end{aligned}
$$

（5）量子逻辑和量子信息传输的量子调控理论中，往往涉及到两个函数的级数展开，分别是

①$f(x)=\mathrm{e}^x$，$|x|\ll 1$。对于函数 $f(x)=\mathrm{e}^x$，各阶导数相同，

$$
\begin{cases}
f(0)=1 \\
f^{(1)}(0)=f^{(2)}(0)=\cdots=f^{(n)}(0)=1
\end{cases} \qquad (1\text{-}108)
$$

从而我们能够得到其泰勒展开式为

$$
f(x)=\mathrm{e}^x = 1 + x + \frac{x^2}{2!} + \cdots + \frac{x^n}{n!} + \cdots = \sum_{n=0}^{\infty}\frac{x^n}{n!} \qquad (1\text{-}109)
$$

②$f(x)=\sqrt{1+x^2}$，$|x|\ll 1$。首先求出函数各阶导数在 $x=0$ 的取值：

$$
\begin{cases}
f(0)=1 \\
f^{(1)}(0)=0 \\
f^{(2)}(0)=1 \\
\vdots
\end{cases} \qquad (1\text{-}110)
$$

从而得出泰勒展开式为

$$
f(x)=1+\frac{1}{2}x^2+\cdots \qquad (1\text{-}111)
$$

由于具体计算时往往取到二级近似就足够了，因而式（1-111）没有写出一般通项的展开形式，而只写到了二级近似项。

（6）涉及力学量算符作为自变量的情形 $\hat{F}(\hat{A})$，可用泰勒级数定义：

$$\hat{F}(\hat{A}) = \sum_{n=0}^{\infty} \frac{F^{(n)}(0)}{n!}\hat{A}^n \tag{1-112}$$

式中：

$$F^{(n)}(0) = \frac{\mathrm{d}^n}{\mathrm{d}x^n}F(x)\bigg|_{x=0} \tag{1-113}$$

二、微扰理论

在量子理论中，另外一个常用的近似理论是微扰理论。如果一个量子体系的哈密顿量算符 $\hat{H}$ 由两部分来组成，一部分是主要贡献的 $\hat{H}_0$，一部分是非常微弱的 $\hat{H}'$，即

$$\hat{H} = \hat{H}_0 + \hat{H}' \tag{1-114}$$

则可用微扰理论近似求解该哈密顿量算符 $\hat{H}$ 的本征问题，式中 $\hat{H}_0$ 称为零级近似的哈密顿量，$\hat{H}'$ 是微扰算符，至于满足什么条件的 $\hat{H}'$ 可视作微扰，后面我们将会讨论。一般而言，根据哈密顿量的具体特点，微扰理论分为三个部分：定态非简并微扰论、定态简并微扰论和含时微扰论。

（一）定态非简并微扰论

所谓定态非简并微扰论是指体系哈密顿量的 $\hat{H}_0$ 和 $\hat{H}'$ 中都不显含时间，且零级近似的哈密顿算符 $\hat{H}_0$ 各本征值的本征态不简并的一种微扰理论，它往往是近似地将能量求至二级近似，波函数求至一级近似。

为方便起见，这里在坐标表象中来讨论，设此时 $\hat{H}_0$ 的本征值方程为

$$\hat{H}_0\psi_n^{(0)}(\boldsymbol{r}) = E_n^{(0)}\psi_n^{(0)}(\boldsymbol{r}) \tag{1-115}$$

式中：$E_n^{(0)}$ 和 $\psi_n^{(0)}(\boldsymbol{r})$ 分别称为零级近似的能量本征值和本征函数。能量的一级近似计算公式是

$$E_n^{(1)} = \int\psi_n^{(0)*}(\boldsymbol{r})\,\hat{H}'\psi_n^{(0)}(\boldsymbol{r})\,\mathrm{d}\tau = H'_{nn} \tag{1-116}$$

即能量的一级修正是微扰算符在零级近似哈密顿表象中的对角元。能量的二级近似和波函数的一级计算公式分别为

$$E_n^{(2)} = \sum_{n'}{}' \frac{|H'_{nn'}|^2}{E_n^{(0)} - E_{n'}^{(0)}} \tag{1-117}$$

$$\psi_n^{(1)} = \sum_{n'}{}' \frac{H'_{nn'}}{E_n^{(0)} - E_{n'}^{(0)}} \psi_{n'}^{(0)} \tag{1-118}$$

式中：求和号加一撇意味着求和不对自身 n 进行，且 $H'_{nn'}$ 满足

$$H'_{nn'} = \int \psi_n^{(0)*}(\boldsymbol{r}) \hat{H}' \psi_{n'}^{(0)}(\boldsymbol{r}) \mathrm{d}\tau \tag{1-119}$$

是零级近似哈密顿量表象中微扰算符矩阵的非对角矩阵元，式（1-117）和式（1-118）表明，能量的二级修正和波函数的一级修正均需计算该非对角元。

总而言之，微扰后体系的能量本征值和本征函数可近似地取作

$$E \approx E_n^{(0)} + E_n^{(1)} + E_n^{(2)} = E_n^{(0)} + H'_{nn} + \sum_{n'}{}' \frac{|H'_{nn'}|^2}{E_n^{(0)} - E_{n'}^{(0)}} \tag{1-120}$$

$$\psi_n \approx \psi_n^{(0)} + \psi_n^{(1)} = \psi_n^{(0)} + \sum_{n'}{}' \frac{H'_{nn'}}{E_n^{(0)} - E_{n'}^{(0)}} \psi_{n'}^{(0)} \tag{1-121}$$

即，E 和 ψ_n 近似地满足体系定态薛定谔方程：

$$\hat{H}\psi_n(\boldsymbol{r}) \approx E_n \psi_n(\boldsymbol{r}) \tag{1-122}$$

这里需要说明三点：第一，结合式（1-116）至（1-119）可知，在知道零级近似解的基础上，一旦求出微扰算符在零级近似哈密顿量表象中的矩阵形式，则其对角元即为能量的一级修正，而能量的二级修正和波函数的一级修正均可通过其非对角元计算而得到，在非定态简并微扰论中将该矩阵称为微扰矩阵，必须要特殊强调的是，微扰矩阵必须是微扰算符在零级近似哈密顿量表象中（不能是在其他表象）的矩阵形式；第二，我们这里只是引入了定态微扰理论的结果，而没有对其来源进行详细的讨论，微扰理论的数学依据是泰勒级数展开取近似，其中能级取到了二级近似，波函数取到了一级近似；第三，只有当微扰算符的作用相较于零级近似哈密顿量的作用非常微弱时，$\hat{H}'$ 才可以当作微扰算符来对待，从量化的角度来讲，非定态微扰论的适用条件是

$$\left| \frac{H'_{nn'}}{E_n^{(0)} - E_{n'}^{(0)}} \right| \ll 1 \tag{1-123}$$

（二）定态简并微扰论

仍然考虑定态情形，其中零级近似的哈密顿量和微扰算符均不显含时间，且零级近似的哈密顿量的本征值具有简并本征态，在坐标表象中讨论，可设其本征值方程为

$$\hat{H}_0\psi_{ni}^{(0)}(\boldsymbol{r}) = E_n^{(0)}\psi_{ni}^{(0)}(\boldsymbol{r}) \tag{1-124}$$

假设简并度为f，则 $i=1, 2, 3, \cdots, f$。为进行进一步的微扰计算，可取零级波函数为上述简并态的线性迭加：

$$\varphi_n = \sum_{i=1}^{f} c_{ni}\psi_{ni}^{(0)}(\boldsymbol{r}) \tag{1-125}$$

则能量的一级修正可通过求解如下久期方程而得到：

$$\begin{vmatrix} H'_{11}-E_n^{(1)} & H'_{12} & \cdots & H'_{1f} \\ H'_{21} & H'_{22}-E_n^{(1)} & \cdots & H'_{2f} \\ \vdots & \vdots & \vdots & \vdots \\ H'_{f1} & H'_{f1} & \cdots & H'_{ff}-E_n^{(1)} \end{vmatrix} = 0 \tag{1-126}$$

式中：

$$H'_{ij} = \int \psi_{ni}^{(0)\,*}(\boldsymbol{r})\,\hat{H}'\psi_{nj}^{(0)}(\boldsymbol{r})\,\mathrm{d}\boldsymbol{\tau} \tag{1-127}$$

式（1-125）中迭加系数 c_{ni} 则可通过如下矩阵方程而求得：

$$\begin{pmatrix} H'_{11}-E_n^{(1)} & H'_{12} & \cdots & H'_{1f} \\ H'_{21} & H'_{22}-E_n^{(1)} & \cdots & H'_{2f} \\ \vdots & \vdots & \vdots & \vdots \\ H'_{f1} & H'_{f1} & \cdots & H'_{ff}-E_n^{(1)} \end{pmatrix} \begin{pmatrix} c_{n1} \\ c_{n2} \\ \vdots \\ c_{nf} \end{pmatrix} = 0 \tag{1-128}$$

对于定态简并微扰而言，一般情况下得出能量的一级修正和波函数的零级近似的迭加态［式（1-125）］即可。需要注意的是，久期方程式（1-126）可以给出简并度数f个能量一级修正的解，则简并微扰后体系的总能级

$$E_n \approx E_n^{(0)} + E_n^{(1)} \tag{1-129}$$

将会分裂成f个能级，因而简并微扰可以消除简并；如果式（1-126）给出的f个 $E_n^{(1)}$ 中有若干个是相等的，则简并微扰没有将简并完全消除掉，这种情况称为部分消除简并。

（三）含时微扰论

这里所讨论的含时微扰论中，零级近似的哈密顿算符是不显含时间的，显含时间的仅仅是微扰算符：

$$\hat{H}(t) = \hat{H}_0 + \hat{H}'(t) \tag{1-130}$$

在定态微扰理论中，所求出的微扰论解是体系整体哈密顿量算符的近似解，即近似的定态解，可认为这些解满足定态薛定谔方程。也就是说如果体系处在这些定态所描述的状态上时，无论时间如何演化，体系始终处在定态上。

然而与定态微扰理论不同的是，由于式（1–130）所示的体系整体哈密顿量中显含时间，其解不满足定态薛定谔方程，严格意义上来讲满足的是含时薛定谔方程，所以假如体系某一时刻处于所谓的定态上，那么随着时间的演化，在之后的时刻体系未必将再处于体系的定态。因而，对于含时微扰论而言，不能再像定态微扰论那样求解近似的定态解，而往往讨论的是体系在微扰的作用下，从零级近似的某个本征态跃迁至另一个本征态的概率。

假设零级近似哈密顿量算符 $\hat{H}_0$ 的本征值方程为

$$\hat{H}_0\psi_n^{(0)}(\boldsymbol{r}) = E_n^{(0)}\psi_n^{(0)}(\boldsymbol{r}) \tag{1–131}$$

将任意 t 时刻体系的波函数 $\Psi(\boldsymbol{r},\ t)$ 按照 $\hat{H}_0$ 的本征函数进行线性展开：

$$\Psi(\boldsymbol{r},\ t) = \sum_n c_n\psi_n^{(0)}(\boldsymbol{r}) \tag{1–132}$$

设微扰作用从 $t=0$ 时刻开始引入，且体系处在 $\hat{H}_0$ 的第 i 个本征态上，将式（1–132）中的系数 c_n 进行级数展开，精确至一级近似则有

$$c_n^{(1)} = \frac{1}{\mathrm{i}\hbar}\int H'_{ni}(t)\,\mathrm{e}^{\mathrm{i}\omega_{ni}t}\,\mathrm{d}\tau \tag{1–133}$$

式中：含时微扰矩阵元 $H'_{ni}(t)$ 的形式为

$$H'_{ni}(t) = \int\psi_n^{(0)*}(\boldsymbol{r})\,\hat{H}'(t)\,\psi_i^{(0)}(\boldsymbol{r})\,\mathrm{d}\tau \tag{1–134}$$

体系从能级 $E_n^{(0)}$ 向能级 $E_i^{(0)}$ 跃迁的频率 ω_{ni} 为

$$\omega_{ni} = \frac{E_n^{(0)} - E_i^{(0)}}{\hbar} \tag{1–135}$$

则可以得到，在微扰作用下，体系从 $\psi_i^{(0)}(\boldsymbol{r})$ 态跃迁到 $\psi_n^{(0)}(\boldsymbol{r})$ 的概率的一级近似值为

$$W_{i\to n} = |c_n^{(1)}|^2 \tag{1–136}$$

量子信息往往可以借助自旋作为信息的载体，因而外加磁场的作用将会对其产生影响，当磁场非常弱、符合微扰论的适用条件时，可利用微扰论进行近似处理，若磁场不随时间而变化，可用定态微扰理论；若磁场是时间参量的函数时，则可考虑函数微扰理论。

第六节　自旋和自旋函数

经典计算机的计算是基于二进制的，即信息借助于二进制的 1 和 0 进行计

算、存储和处理；量子力学中，电子的自旋具有两个不简并的本征态，以其作为基矢可以张成一个二维的希尔伯特复空间，因而自然地可以将其与经典二进制相结合，在某些量子计算中作为量子信息的载体。为方便后面关于量子逻辑与量子信息传输及量子调控的深入研究，本节内容引入有关自旋的基础理论。

一、自旋概念

关于自旋的认识，可首先从施特恩和格拉赫所做的一个实验出发：如图 1-1 所示，让处于 s 态（$l=0$）的电子束从 K 极匀速出发，中间经历一个非均匀的磁场后，将会分成对称的两束打在接收屏 P 上。

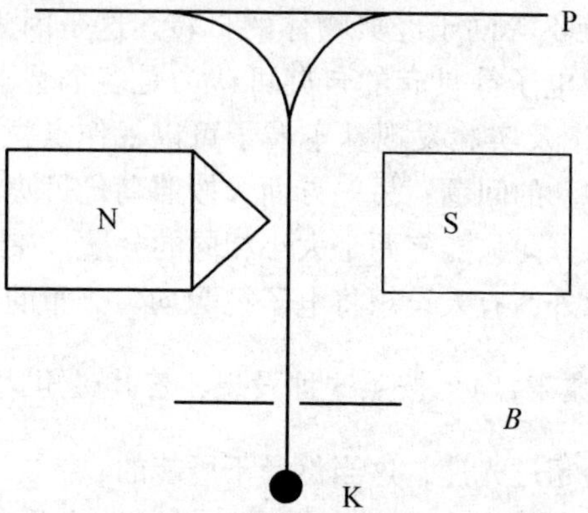

图 1-1　施特恩-格拉赫（Stern-Gerlach）实验

从理论上来讲，由于 $l=0$ 的电子束轨道角动量等于零，所以粒子束的轨道磁矩也为零，如果粒子仅仅存在轨道角动量的话，当粒子束穿过磁场时粒子与磁场之间不会发生相互作用，从而在接收屏上只能打在中间的一条直线上；然而，实验却表明粒子束在穿过磁场之后，出现在接收屏中央两侧的两条直线上。这就表明，尽管粒子没有轨道磁矩，但仍然存在某种磁矩，从而可以和磁场相互作用，这种磁矩一定和运动没有关系，因为与运动有关系的磁矩一定可以归结为轨道角动量，从而 l 不能为零。与轨道情况相类比，可以认为存在着与这种磁矩相联系的某种与运动没有关系的角动量，这就是乌伦贝克-歌德斯密脱关于电子自旋的假说：

（1）电子具有自旋角动量，记为 $\boldsymbol{S}$，它在空间任一 z 方向上只能有两个分量：

$$S_z = \pm\frac{\hbar}{2} \tag{1-137}$$

（2）电子自旋角动量产生自旋磁矩 $\boldsymbol{M}_s$，它和自旋之间满足

$$M_s = -\frac{e}{m_e} \tag{1-138}$$

这种自旋角动量和自旋磁矩与粒子的运动没有任何关系，是由粒子自身属性所决定的，称为自旋磁矩或内禀磁矩，产生自旋磁矩的内禀角动量称为自旋角动量，往往也简称为自旋。关于自旋，我们还要说明以下几点。

（1）乌伦贝克-歌德斯密脱自旋假说很好地解释了施特恩-格拉赫实验，并且被其他实验现象所验证是正确的；但要注意的是，由于粒子自旋取决于粒子自身的内禀属性，所以该假设是针对电子而言的，其他粒子的自旋未必一定符合该假设。

（2）电子的自旋不等同于经典物体的自转。这是因为一方面，自旋存在于基本粒子之中（像电子等具有的自旋可认为是多个基本粒子按照多体体系规则的迭加)，而理论及实验发现基本粒子可以视作点粒子，既然是一个点，那么就不存在自己转动的问题；另一方面，按照乌伦贝克-歌德斯密脱自旋假说，电子自旋在任意方向只能有两个大小相同的分量，在经典物理学中这种物理量是不存在的；此外，有人设想将电子视为均匀分布的电荷球，半径为 $r_c = \frac{e^2}{mc^2}$（这是电子的经典半径)，按照这种设想，若其磁矩达到玻尔磁子的尺度，其表面旋转速度将会超过光速，这当然是不可能的。

（3）电子自旋在任意方向只能有两个分量，且这两个分量大小相等均为 $\frac{\hbar}{2}$，这是量子理论中所独有的性质。任何单体体系的经典力学量都只具有三个自由度，都可以按照笛卡儿直角坐标系进行正交分解，分解时无论如何也无法保证该量在任意方向上大小相等。

（4）电子自旋是研究电子运动规律的第四个自由度。正如上面（3）所言，经典的力学量只要有三个自由度就可以了；但是对于电子而言，由于存在这样一个与运动没有关系的自旋参量，因而仅仅具备三个坐标自由度还是不够的，所以要把自旋引入为第四个自由度来进行讨论。

（5）微观粒子都具有自旋角动量。我们是以电子为基本模型来讨论自旋的，但这并不表明只有电子才具有自旋角动量和自旋磁矩，任意的微观粒子都具有自旋，且其他微观粒子的自旋角动量在某一方向上的分量未必就一定只能取 $\pm\frac{\hbar}{2}$，比如光子的自旋即为 0、$\pm\hbar$。但需要说明的是，任意微观粒子的自旋角动量都是量子化的。

（6）根据前面的讨论，自旋是不具经典对应的力学量，所以无法按照之前力学量的方式来定义自旋算符；但自旋仍是量子理论范畴内的一个力学量，它必须也可以用一个厄米算符来进行表示，关于如何用算符来表示自旋，接下来我们将会单独介绍。

（7）自旋角动量具有深刻的物理含义，它的物理意义只有借助相对论量子力学才能解释清楚，在此我们不做深入的讨论。

二、自旋算符的本征问题

在进一步讨论自旋算符的本征问题之前，首先讨论自旋算符的定义问题。自旋角动量是一个与运动无关的力学量，不存在经典对应的物理量，因而无法像轨道角动量那样可以写成坐标和动量算符的函数形式，只能根据角动量所满足的一般对易式进行定义：

$$\hat{\boldsymbol{S}}\times\hat{\boldsymbol{S}}=\mathrm{i}\hbar\hat{\boldsymbol{S}} \tag{1-139}$$

对于自旋角动量这样一个矢量算符而言，讨论其本征问题有两种途径，一是讨论 $\hat{\boldsymbol{S}}$ 的各个分量的本征问题，二是讨论表征算符 $\hat{\boldsymbol{S}}$ 的大小及方向的算符 $\hat{S}^2$ 和 $\hat{S}_z$ 的本征问题。这里我们针对电子自旋算符，讨论 $\hat{S}^2$ 和 $\hat{S}_z$ 的本征问题，其中 $\hat{S}^2$ 和 $\hat{S}_z$ 是对易的。

首先讨论本征值。根据乌伦贝克-歌德斯密脱假设，电子在任意方向上的自旋分量都只能取$\pm\dfrac{\hbar}{2}$，即在任意方向上电子自旋分量的大小只能为$\pm\dfrac{\hbar}{2}$，则在任意方向上自旋分量的平方为$\dfrac{\hbar^2}{4}$，从而有

$$\hat{S}_x^2=\hat{S}_y^2=\hat{S}_z^2=\frac{\hbar^2}{4} \tag{1-140}$$

进而得到，总自旋平方算符的取值为

$$\hat{S}^2=\hat{S}_x^2+\hat{S}_y^2+\hat{S}_z^2=\frac{3\hbar^2}{4} \tag{1-141}$$

这表明，$\hat{S}^2$ 算符只有一个本征值$\dfrac{3\hbar^2}{4}$。当然，根据乌伦贝克-歌德斯密脱假设，可以直接得出 $\hat{S}_z$ 的本征值为$\pm\dfrac{\hbar}{2}$。

为进一步讨论 $\hat{S}^2$ 和 $\hat{S}_z$ 的本征函数，需要选定合适的表象，给出两算符在该表象中的矩阵形式，为了讨论方便，往往可以选为 $\hat{S}^2$ 和 $\hat{S}_z$ 共同表象。由于对于两算符而言是其自身表象，因而两算符均是对角矩阵，对角元分别是其本

征值，即

$$\hat{\boldsymbol{S}}^2=\frac{3\hbar^2}{4}\begin{pmatrix}1&0\\0&1\end{pmatrix},\quad \hat{\boldsymbol{S}}_z=\frac{\hbar}{2}\begin{pmatrix}1&0\\0&-1\end{pmatrix} \tag{1-142}$$

在该表象中，可根据前面讨论的本征值及式（1-142）列出本征值方程为

$$\hat{\boldsymbol{S}}^2\chi=\frac{3\hbar^2}{4}\begin{pmatrix}1&0\\0&1\end{pmatrix}\chi=\frac{3\hbar^2}{4}\chi \tag{1-143}$$

和

$$\hat{\boldsymbol{S}}_z\chi=\frac{\hbar}{2}\begin{pmatrix}1&0\\0&-1\end{pmatrix}\chi=\pm\frac{\hbar}{2}\chi \tag{1-144}$$

从而求出算符 $\hat{\boldsymbol{S}}_z$ 属于本征值$\frac{\hbar}{2}$和$-\frac{\hbar}{2}$的本征态分别为

$$|1\rangle\equiv\chi_{\frac{1}{2}}=\begin{pmatrix}1\\0\end{pmatrix},\quad |0\rangle\equiv\chi_{-\frac{1}{2}}=\begin{pmatrix}0\\1\end{pmatrix} \tag{1-145}$$

且$\chi_{\frac{1}{2}}$和$\chi_{-\frac{1}{2}}$是 $\hat{\boldsymbol{S}}^2$ 同一个本征值$\frac{3\hbar^2}{4}$的两个本征态，即 $\hat{\boldsymbol{S}}^2$ 是二重简并的；将 $\hat{\boldsymbol{S}}^2$ 本征值$\frac{3\hbar^2}{4}$记作 $s(s+1)\hbar^2$ 形式，可以得到电子的自旋角量子数只有一个取值 $s=\frac{1}{2}$。

三、两电子的自旋函数

对于两电子体系而言，两电子自旋之间的相互作用往往比较微弱，可以忽略不计，即此时两电子是相互独立、线性无关的，继而这样的两电子体系的自旋函数可以进行分离变量，视作每个电子的自旋函数的乘积。但需要注意的是，全同性原理对全同粒子的波函数提出了交换对称性的要求，因而两电子体系的波函数不仅要考虑分离变量，同时也要符合这种波函数的交换对称性。

体系的总自旋函数，就是体系总自旋平方算符 $\hat{S}^2$ 和 z 分量算符 $\hat{S}_z$ 的共同本征函数。对总自旋波函数进行分离变量，可写成两电子单态自旋波函数之积

$$\chi(S_{1z},\ S_{2z})=\chi_{\pm\frac{1}{2}}(S_{1z})\chi_{\pm\frac{1}{2}}(S_{2z}) \tag{1-146}$$

式中：$\chi(S_{1z},\ S_{2z})$是体系总的自旋波函数，$\chi_{\pm\frac{1}{2}}(S_{1z})$和$\chi_{\pm\frac{1}{2}}(S_{2z})$分别为粒子“1”和“2”的自旋波函数。形如式（1-146）所示的总自旋波函数并没有考虑到体系的交换对称性，根据交换对称性的要求可知，两个电子的总自旋函数要么是交换对称的，要么是交换反对称的，具有这种交换对称性的自旋波函数可以用式（1-146）的线性迭加来得到。这样，具有交换对称性的归一化自旋

波函数为

$$\begin{cases} \chi_s^{(1)} = \chi_{\frac{1}{2}}(S_{1z})\chi_{\frac{1}{2}}(S_{2z}) \\ \chi_s^{(2)} = \chi_{-\frac{1}{2}}(S_{1z})\chi_{-\frac{1}{2}}(S_{2z}) \\ \chi_s^{(3)} = \frac{1}{\sqrt{2}}[\chi_{\frac{1}{2}}(S_{1z})\chi_{-\frac{1}{2}}(S_{2z}) + \chi_{-\frac{1}{2}}(S_{1z})\chi_{\frac{1}{2}}(S_{2z})] \end{cases} \tag{1-147}$$

具有交换反对称性的归一化自旋波函数为

$$\chi_A = \frac{1}{\sqrt{2}}[\chi_{\frac{1}{2}}(S_{1z})\chi_{-\frac{1}{2}}(S_{2z}) - \chi_{-\frac{1}{2}}(S_{1z})\chi_{\frac{1}{2}}(S_{2z})] \tag{1-148}$$

除了这四种形式的波函数，不再有其他形式的具有交换对称性的独立自旋波函数，因而这四个自旋波函数即为总自旋平方算符 $\hat{S}^2$ 和 z 分量算符 $\hat{S}_z$ 的共同本征函数，它们应该满足这两个算符的本征值方程。

经计算可以得到

$$\hat{S}^2\chi_s^{(1)} = 2\hbar^2\chi_s^{(1)},\ \hat{S}^2\chi_s^{(2)} = 2\hbar^2\chi_s^{(2)},\ \hat{S}^2\chi_s^{(3)} = 2\hbar^2\chi_s^{(3)},\ \hat{S}^2\chi_A = 0 \tag{1-149}$$

和

$$\hat{S}_z\chi_s^{(1)} = \hbar\chi_s^{(1)},\ \hat{S}_z\chi_s^{(2)} = -\hbar\chi_s^{(2)},\ \hat{S}_z\chi_s^{(3)} = 0,\ \hat{S}_z\chi_A = 0 \tag{1-150}$$

式（1-149）和（1-150）给出：

(1) $\chi_s^{(1)}$ 的自旋角量子数为 1，磁量子数为 1；

(2) $\chi_s^{(2)}$ 的自旋角量子数为 1，磁量子数为-1；

(3) $\chi_s^{(3)}$ 的自旋角量子数为 1，磁量子数为 0；

(4) χ_A 的自旋角量子数为 0，磁量子数为 0。

根据狄拉克符号一般写法，可将式（1-147）和（1-148）这四个态写作

$$\chi_s^{(1)} = |1,\ 1\rangle,\quad \chi_s^{(2)} = |1,\ -1\rangle,\quad \chi_s^{(2)} = |1,\ 0\rangle,\quad \chi_A = |0,\ 0\rangle \tag{1-151}$$

在三个交换对称的自旋波函数 $\chi_s^{(1)}$、$\chi_s^{(2)}$ 和 $\chi_s^{(3)}$ 中，自旋角量子数都为 1，称为自旋三重态；交换反对称的自旋波函数 χ_A 中，自旋角量子数为 0，称为自旋单态。

结合式（1-147）、（1-148）和（1-151），有

$$\begin{cases} \chi_s^{(1)} = |1,\ 1\rangle \equiv |1\rangle_1|1\rangle_2 = |1\rangle_1 \otimes |1\rangle_2, \\ \chi_s^{(2)} = |1,\ -1\rangle \equiv |0\rangle_1|0\rangle_2 = |0\rangle_1 \otimes |0\rangle_2, \\ \chi_s^{(3)} = |1,\ 0\rangle \equiv \frac{1}{\sqrt{2}}[|1\rangle_1|0\rangle_2 + |0\rangle_1|1\rangle_2], \\ \chi_A = |1,\ 0\rangle \equiv \frac{1}{\sqrt{2}}[|1\rangle_1|0\rangle_2 - |0\rangle_1|1\rangle_2] \end{cases} \tag{1-152}$$

将单电子自旋态写为矩阵的形式，利用直积理论，可以得到两电子体系的自旋波函数在 $\hat{S}^2$ 和 $\hat{S}_z$ 共同表象中的矩阵表达形式：

$$\begin{cases}\boldsymbol{\chi}_s^{(1)}=|1\rangle_1|1\rangle_2=\begin{pmatrix}1\\0\end{pmatrix}_1\otimes\begin{pmatrix}1\\0\end{pmatrix}_2=\begin{pmatrix}1\\0\\0\\0\end{pmatrix},\\ \boldsymbol{\chi}_s^{(2)}=|0\rangle_1|0\rangle_2=\begin{pmatrix}0\\1\end{pmatrix}_1\otimes\begin{pmatrix}0\\1\end{pmatrix}_2=\begin{pmatrix}0\\0\\0\\1\end{pmatrix},\\ \boldsymbol{\chi}_s^{(3)}=\frac{1}{\sqrt{2}}[|1\rangle_1|0\rangle_2+|0\rangle_1|1\rangle_2]=\frac{1}{\sqrt{2}}\left[\begin{pmatrix}1\\0\end{pmatrix}_1\otimes\begin{pmatrix}0\\1\end{pmatrix}_2+\begin{pmatrix}0\\1\end{pmatrix}_1\otimes\begin{pmatrix}1\\0\end{pmatrix}_2\right]=\frac{1}{\sqrt{2}}\begin{pmatrix}0\\1\\1\\0\end{pmatrix},\\ \boldsymbol{\chi}_A=\frac{1}{\sqrt{2}}[|1\rangle_1|0\rangle_2-|0\rangle_1|1\rangle_2]=\frac{1}{\sqrt{2}}\left[\begin{pmatrix}1\\0\end{pmatrix}_1\otimes\begin{pmatrix}0\\1\end{pmatrix}_2-\begin{pmatrix}0\\1\end{pmatrix}_1\otimes\begin{pmatrix}1\\0\end{pmatrix}_2\right]=\frac{1}{\sqrt{2}}\begin{pmatrix}0\\1\\-1\\0\end{pmatrix}\end{cases} \tag{1-153}$$

作为算符 $\hat{S}^2$ 和 $\hat{S}_z$ 的共同本征函数，$\boldsymbol{\chi}_s^{(1)}$、$\boldsymbol{\chi}_s^{(2)}$、$\boldsymbol{\chi}_s^{(3)}$ 和 $\boldsymbol{\chi}_A$ 可以作为基矢张成一个四维的希尔伯特空间。这是很显然的，因为单电子的希尔伯特空间是二维的，两个独立的二维空间生成的自然就是四维空间。此空间所表示的表象即为 $\hat{S}^2$ 和 $\hat{S}_z$ 自身的表象，所以这两个算符在此表象下应该都是四维的对角矩阵，矩阵元即为它们的本征值，形式分别为

$$\boldsymbol{S}^2=\begin{pmatrix}2\hbar^2&0&0&0\\0&2\hbar^2&0&0\\0&0&2\hbar^2&0\\0&0&0&2\hbar^2\end{pmatrix} \tag{1-154}$$

和

$$\boldsymbol{S}_z=\begin{pmatrix}\hbar&0&0&0\\0&-\hbar&0&0\\0&0&0&0\\0&0&0&0\end{pmatrix} \tag{1-155}$$

第二章　量子计算机中的量子逻辑门和量子通信

在人类文明的漫长发展历程中，从远古的结绳计数开始，人们就开始追求先进高效的计数和计算能力，算盘、计算器等都是这个发展过程中所产生的人类智慧的结晶。尤其近代计算机的发展，自图灵机的概念提出以来，历经电子管计算机、晶体管计算机、中小规模集成电路计算机、大规模和超大规模集成电路计算机、人工智能计算机等不同阶段的发展，在短短几十年的时间里已经获得了巨大的成功，深入到我们日常工作、生活、军事、国防、医疗、健康、卫生、体育、教育、经济等各个方面，并在其中发挥了巨大作用，成为当今社会必不可少的一部分，难以设想当前社会的哪个领域能够脱离计算机技术而存在。既然这种传统的计算机技术已经获得了这么大的成功，那么为什么还有必要进行量子计算机的研究？什么是量子计算机？量子计算机相较于传统的经典计算机而言有哪些优势和特点？量子计算机的核心任务是什么？本章将会解决这些问题，带领读者进入量子计算机的世界，逐步认识量子计算机中量子逻辑门和量子通信的研究背景。

第一节　量子计算机的特点

量子计算机是量子理论与信息论相结合而产生的一门交叉研究学科分支，主要是借助量子理论研究量子计算机各硬件的工作原理、量子计算的算法、量子纠错以及量子信息的存储、处理、传输等等。科技是向前发展的，在传统的计算机（与量子计算机相对，称为经典计算机）已经如此成功的前提下，量子计算机仍然获得了广大物理学家的关注，说明量子计算机必有经典计算机所无法比拟的优越性存在，下面我们首先介绍研究量子计算机的必然性。

一、研究量子计算机的必然性

(1) 从硬件方面来讲，当前经典计算机性能提高的决定性原因在于，单位体积的集成芯片上所能容纳的电路条数的多少，条数越多，计算机性能越强，反之则越弱。然而在计算机领域，有一个大名鼎鼎的摩尔定律：随着现代集成技术的逐步提高，每1.5年的时间里，集成芯片的集成化程度将会增大一倍，也就是说，每隔十八个月左右的时间里，单位体积的集成芯片的电路条数将会增大一倍[13-15]。由于集成芯片不可能无休止地增大下去，那么随着这种发展，集成芯片上电路之间的间距将会越来越大，最终将会达到分子、原子乃至电子的尺度上，从而使得诸如波粒二象性、不确定原理、不相容原理等微观粒子体系的量子化效应，将会取代经典的物理规律，展现出经典计算机所无法操控的奇异性质。因而，从这个角度而言，计算机仍然需要向前发展，需要进一步研究量子理论与计算机相结合的量子计算机理论。

(2) 如 (1) 所提到的那样，随着现代集成技术的发展，计算机芯片上晶体管间的距离小到微观尺度时，量子化效应将会发挥主要作用，计算机的运行必须要按照量子规律进行，从而会导致新的热力学问题的产生。这是因为经典计算机的计算过程是不可逆的，仅仅可从输入得出输出而无法逆向进行；而基于量子力学原理的量子计算过程则是一个可逆行为，不仅能够根据一定的量子逻辑操作从输入得到输出结果，也可以使得这个过程逆向进行，可以从输出开始根据之前量子逻辑操作的逆操作给出输入的情况[13-15]。

(3) 基于量子力学的量子计算相较于经典计算机而言，具有巨大的计算速度和安全性能方面的优势，主要表现在以下两点：

第一，在计算速度方面，由于量子计算不是串行计算而是一种并行计算，这意味着量子计算可以对多位量子比特的信息同时进行处理，从而使得量子计算的速度远远优于经典计算，表现在数量级上，如果一个经典计算需要10^{10}年的时间（大概是地球诞生到现在的时间），量子计算仅仅需要3年即可完成，从运算速度上来讲这是一个巨大的飞跃。

第二，在安全性能方面，由于经典信息加密的理论基础是大素数分解，因而从理论上来讲总是可以破解的，只是基于经典计算的运算速度，往往会使得这种破解失去了时效性，而量子计算机研制成功后，量子计算的巨大速度优势将使得这种经典加密技术完全失去意义。然而，量子计算机的加密是基于量子力学原理的，量子力学中存在着一个非常著名的量子态不可克隆原理，这就使得如果利用量子态来承载量子信息的话，这种信息在物理原理上天生就无法进行复制，从而就更谈不上破解了，具有绝对的可靠性。当然，如何获取安全稳定可靠的承载量子信息的量子态，就成为量子计算机领域中的一个关键任务所在了。

（4）从量子力学发展的需求来讲，物理学家希望能够在计算机上模拟真实量子体系和量子规律，从而进一步推动量子力学自身的发展，然而相关研究表明，经典的计算机上无法做到这一点。而量子计算机本身就是基于量子体系和量子规律的，因而在这样的计算机中实现量子体系的动力学演化是一种顺理成章的想法，从这个角度来讲，对于量子理论自身的发展而言，量子计算机理论的研究也是必要的。

二、量子计算机的特点

自20世纪80年代物理学家费曼起，就出现了量子计算机理论的苗头，其朴素的思想就是将量子理论与经典的计算机进行简单结合，随后不长的时间里，物理学家们提出了量子图灵机和量子计算机的具体设想，并进一步验证了量子图灵机远比经典图灵机更具优越性。但是量子计算机这些早期的发展大多局限在纯粹理论的探讨上，既没有提出具体实现量子计算机基本逻辑功能的实际量子模型，也没有为解决具体的实际计算问题提出可行的理论方案。近年来，人们逐渐将量子计算机的研究具体地细化，基于量子力学基本原理为量子计算和量子信息提供了一系列各具优势的理论和实验方案，极大程度上促进了量子计算机的发展。在我国以中国科学技术大学潘建伟、郭光灿、杜江峰为代表的物理学家，在量子通信和量子计算机方面的研究取得了世界领先的地位。

需要说明的是，量子计算机并不是说要完全摒弃当今的经典计算，从计算机对现代人类文明的影响来讲，这也是不现实的，因而量子计算机的一个基础功能就是必须要采用量子的手段来容纳和包含传统的经典计算，当然，对于经典计算中某些特定的无法实现的计算（例如模拟量子体系动力学演化等），量子计算机可以以量子理论为基础对其进行量子计算。

量子计算机具备以下几个基本的物理特点：

（一）迭加性

量子计算机也如同经典计算机一样，主要实现对量子信息的处理、存储和传输，因而量子计算机理论中的信息在很大程度上是参考经典计算机中的信息来实现的，但由于物理原理的不同，从而又使得量子计算机与经典计算机的信息有着本质上的不同。

经典计算机中信息是基于二进制数的，用比特来标识，实际操作时指的是电路技术中的高低电平，其中高电平往往指的是二进制的1，低电平指的是二进制的0，每个数位或者为0，或者为1，只能占据二者中的一个，无法同时占据这两个数位比特。

而在量子计算机中，则往往是用量子态来作为量子数位的比特，为了与经典计算机的二进制数相匹配，必须要寻找二维希尔伯特空间中的基矢，亦即具有两个本征态的非简并体系的量子态来作为量子二进制数。比如可以用电子自旋的两个本征态$|1\rangle$和$|0\rangle$作为量子信息的二进制数位，从而与经典的1和0相对应。需要注意的是，由于量子态遵循迭加原理，如果$|1\rangle$和$|0\rangle$是体系的可能状态，那么二者的线性迭加$\alpha|0\rangle+\beta|1\rangle$也是体系的可能状态，因而可以得出若$|1\rangle$和$|0\rangle$是量子信息的二进制数位，那么$\alpha|0\rangle+\beta|1\rangle$也代表了一个二进制数位。这就表明，与经典的二进制数中非1即0的情况不同，量子信息中存在着既$|1\rangle$又$|0\rangle$的中间状态，假如迭加系数已经归一化，

$$|\alpha|^2+|\beta|^2=1 \tag{2-1}$$

这种中间状态意味着，量子信息占据$|1\rangle$和$|0\rangle$数位的概率分别为$|\alpha|^2$和$|\beta|^2$。

量子信息的这种特性使得量子信息的计算、存储和传输相较于经典信息的计算有了更多种可能。比如对于n个数据位的存储器而言，经典计算机只能存储一个n位二进制数，而量子计算机则可以同时存储2^n个n位二进制数；在进行数据计算时，经典计算机一次只能对一个n位二进制数进行计算，而量子计算机一次可以同时对2^n个n位二进制数进行计算；信息传输时也是如此[13]。这种并行性表明，这种迭加性的存在使得量子计算机在量子信息的存储、计算和传输中，相较于经典计算机可以指数量级地增大，表明量子计算机比经典计算机具有更大的优势。

（二）干涉性

由于在量子计算机中，用量子态来表示二进制的量子信息，而量子态又可以用波函数来表示，这体现了微观粒子的波粒二象性。而波最根本的性质之一即为干涉性，因而量子信息自身具备干涉性的特点。这里仍然可以借助量子态的迭加原理来进行说明，对于n个量子位，承载量子信息的量子态可以根据态的迭加原理记作

$$|\varphi\rangle=\sum_{m=0}^{2m-1}C_m\,|\,m\rangle \tag{2-2}$$

这种迭加不是量子态所表征的概率直接的求和，而是态本身的概率幅相加，因而量子态具有相对相位差。在态演化的过程中由于这种迭加，将会出现干涉相长或相消的现象，这是经典信息所不存在的独特现象。

（三）纠缠性

一般意义上来讲，量子力学中凡是可以写成为纯态直积形式的态都是非纠缠态，凡不能写成直积形式的态，均为纠缠态，量子纠缠是量子理论非定域性的典型体现，不存在经典对应的现象。量子纠缠需要借助一定的相互作用来产生，但需要注意的是一旦产生量子纠缠现象，无论是否存在相互作用，量子纠缠现象将一直存在。

如上所述在以电子自旋态为基础所引入的二进制的量子信息中，含有多个数位的量子信息各数位之间可以存在量子纠缠的现象，这里我们引入量子通信中具有重要作用的两电子体系的量子纠缠，考察两电子体系的如下四个状态：

$$\begin{cases} |\varphi^+\rangle = \dfrac{\sqrt{2}}{2}[\,|1\rangle_1|1\rangle_2 + |0\rangle_1|0\rangle_2] \\ |\varphi^-\rangle = \dfrac{\sqrt{2}}{2}[\,|1\rangle_1|1\rangle_2 - |0\rangle_1|0\rangle_2] \\ |\psi^+\rangle = \dfrac{\sqrt{2}}{2}[\,|1\rangle_1|0\rangle_2 + |0\rangle_1|1\rangle_2] \\ |\psi^-\rangle = \dfrac{\sqrt{2}}{2}[\,|1\rangle_1|0\rangle_2 - |0\rangle_1|1\rangle_2] \end{cases} \tag{2-3}$$

仔细分析可以发现，式（2-3）所示的两电子体系的四个状态无法写成纯态直积的形式，或者换句话说，两个电子的状态总是关联在一起的，无法进行分割，因而都是纠缠态。作为对比，可以考察两电子体系的态 $|11\rangle = |1\rangle_1 \otimes |1\rangle_2$ 和 $|1{-}1\rangle = |0\rangle_1 \otimes |0\rangle_2$，这两个态是指两个电子沿 z 轴方向均向上和均向下，这两个态都由两个单电子的纯态直积而构成，因而不是体系的纠缠态。

（四）不可克隆性

由于量子力学态迭加原理的存在以及系统量子态的动力学演化遵从幺正变换的规律，这就使得任何量子体系的任意未知的量子态没有办法进行完全的克隆，继而表明，不能在不破坏原来未知态的情况下对该未知态进行测量，从而来获知体系所处的该未知状态的物理信息[13]。量子计算机的量子通信领域中，由于是用量子态来承载量子信息的，而量子态的这种不可克隆性的特点，在物理原理上就决定了对正在通信中的量子信息无法通过测量的方式进行截取，从而确保了量子加密技术绝对的安全性。

第二节　量子计算机和量子计算

量子计算机的核心任务是对量子信息进行存储、处理和传输，如同经典计算机中信息的基本单位称为比特，量子信息的基本单元记作量子比特，前面我们也曾引入过量子数位的概念，所谓的量子数位即为量子比特，在进一步介绍量子计算机之前，首先我们尽可能详尽地介绍量子比特的概念。

一、量子比特

如同上节所提到的，所谓量子比特指的是一个量子数位，为了与经典计算机中二进制的比特相对应，往往用二维希尔比特空间中的基矢$|1\rangle$和$|0\rangle$来表示最为基本的量子比特，由于量子态迭加原理的存在，使得两个基本比特的任意线性迭加$\alpha|0\rangle+\beta|1\rangle$也可以表示一个量子比特，这才是更为一般化的量子比特的概念，也就是说一个量子比特往往是二维希尔伯特复空间中的一个任意矢量。

如果考虑到表示一个量子比特的量子态是归一化的，即满足式（2-1），那么这样的量子态可以写作

$$|\varphi\rangle=\cos\frac{\theta}{2}|0\rangle+e^{i\phi}\sin\frac{\theta}{2}|1\rangle \tag{2-4}$$

式中：θ和φ可视作球坐标系中的两个角坐标。从几何的角度来讲，形如式(2-4)所示的一个量子比特，则可由如图2-1所示的Bloch球面（以1为半径的球）上的一个点来定义。

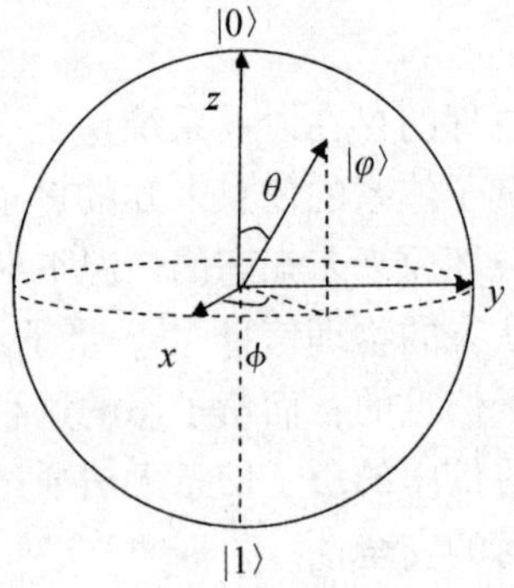

图2-1　Bloch球上的量子比特

值得注意的是，对比式（2-4）和一个量子比特的一般形式 $\alpha|0\rangle+\beta|1\rangle$，可以发现，任意的 θ 和 ϕ 均可满足量子比特的归一化特点，因而对于一个量子比特而言，Bloch 球上可以有无数多个点与其对应，从表面上看这就意味着一个量子比特即可包含无穷多的量子信息，从物理上来讲这当然是很荒谬的，因为如果真的是这样的话，量子信息乃至量子计算机就失去了存在合理性的物理基础。事实上，对于一个量子比特而言，只有对其测量后才能得知它所承载的信息，而只有可知的信息才更具有意义。对 $\alpha|0\rangle+\beta|1\rangle$ 所描述的状态进行测量可以发现，体系以 $|\alpha|^2$ 的概率处在 $|0\rangle$ 上，以 $|\beta|^2$ 的概率处在 $|1\rangle$ 上，一旦测量完毕，体系将或者塌缩在 $|0\rangle$ 上，或者塌缩在 $|1\rangle$ 上，尽管这种塌缩的物理机制我们并不清楚，但可以清晰知道的是观测后体系将确定性地处在二者之一上，因而可以明确限定量子比特所能承载信息的内容。

上述所讨论的是仅仅一个量子比特的情形，对应于可能的两经典比特：00、01、10 和 11，量子信息也存在两量子比特，基本的两量子比特信息为 $|00\rangle$、$|01\rangle$、$|10\rangle$ 和 $|11\rangle$，如同单量子比特情形，两量子比特的一般存在形式也应为基本量子比特的线性迭加：

$$|\varphi\rangle=\alpha_{00}|00\rangle+\alpha_{01}|01\rangle+\alpha_{10}|10\rangle+\alpha_{11}|11\rangle \tag{2-5}$$

假如式（2-5）已经归一化，即

$$|\alpha_{00}|^2+|\alpha_{01}|^2+|\alpha_{10}|^2+|\alpha_{11}|^2=1 \tag{2-6}$$

对承载二量子比特的态 $|\varphi\rangle$ 进行测量时，体系处在 $|00\rangle$、$|01\rangle$、$|10\rangle$ 和 $|11\rangle$ 状态上的概率分别为 $|\alpha_{00}|^2$、$|\alpha_{01}|^2$、$|\alpha_{10}|^2$ 和 $|\alpha_{11}|^2$。

这里也可以只测量式（2-5）所示的二量子比特系统的其中一个量子比特，例如只测量第一个量子比特，得到二进制的 $|1\rangle$ 的概率为 $|\alpha_{10}|^2+|\alpha_{11}|^2$，测量后体系所处的状态为

$$|\varphi'\rangle=\frac{\alpha_{10}|10\rangle+\alpha_{11}|11\rangle}{\sqrt{|\alpha_{10}|^2+|\alpha_{11}|^2}} \tag{2-7}$$

这里出现一个分式意味着对测量后的状态重新进行了归一化。更为一般地来讲，还可以存在任意 n 个量子比特的系统，分析讨论的方式与二量子比特情形类似，只不过情况更为复杂而已。

二、基础的单比特量子逻辑门

在经典计算机中，由于信息用二进制的比特 0 和 1 来组成，因而经典计算机的计算主要是针对经典比特的逻辑运算，具体操作时可由相应的逻辑门和逻辑线路连接来实现。

相类似地，量子计算机的计算也应是针对二进制的量子比特信息进行量子

逻辑计算，量子计算机应是由量子逻辑门和量子线路相连接来实现的。与经典情形不同的是，承载量子信息的量子比特是量子体系的量子态，量子态的动力学演化由薛定谔方程决定，态随时间的变化是一种幺正变换，这种幺正变换是可逆的，因而量子计算机中的量子逻辑门必须满足可逆性的基本条件。此外，能够实现量子态幺正变换的逻辑操作原则上有非常多的选择，因而在构造量子逻辑门时应该注重寻找最为一般性、最为基础性的单比特量子逻辑门，复杂逻辑门往往可以借助这些简单的单比特逻辑门构造得到，下面引入几种符合条件的单比特量子逻辑操作。

（一）量子非门

在经典情形下，根据逻辑运算的真值表，经典逻辑非门实现的非操作主要是使 0 变成 1、1 变成 0，也就是说在经典非门的作用下，可以使得表示信息的比特状态发生互换。

量子计算机中的逻辑非门与此进行类比，主要操作目的即为将 $|0\rangle$ 变成 $|1\rangle$、$|1\rangle$ 变成 $|0\rangle$，需要注意的是一个量子比特并非仅仅是 $|0\rangle$ 和 $|1\rangle$ 这两种形式，更为一般地来讲，应该是二者的迭加形式 $\alpha|0\rangle+\beta|1\rangle$，此时更能说明量子逻辑非的作用是使 $|0\rangle$ 和 $|1\rangle$ 互相取代，由 $\alpha|0\rangle+\beta|1\rangle$ 变为 $\alpha|1\rangle+\beta|0\rangle$，因而实现量子非功能的变换能够满足 $|0\rangle$ 和 $|1\rangle$ 互相取代即可。

在合适的表象下，例如电子自旋即可选择 $(\hat{S}^2,\ \hat{S}_z)$ 共同表象，则基本的量子比特 $|0\rangle$ 和 $|1\rangle$ 的形式为

$$|1\rangle=\begin{pmatrix}1\\0\end{pmatrix},\quad |0\rangle=\begin{pmatrix}0\\1\end{pmatrix} \tag{2-8}$$

一般形式的量子比特 $\alpha|0\rangle+\beta|1\rangle$ 则为

$$\alpha|0\rangle+\beta|1\rangle=\begin{pmatrix}\alpha\\\beta\end{pmatrix} \tag{2-9}$$

量子逻辑非门 X 的作用即为使上述状态发生变换：

$$\boldsymbol{X}|1\rangle=\boldsymbol{X}\begin{pmatrix}1\\0\end{pmatrix}=\begin{pmatrix}0\\1\end{pmatrix},\ \boldsymbol{X}|0\rangle=\boldsymbol{X}\begin{pmatrix}0\\1\end{pmatrix}=\begin{pmatrix}1\\0\end{pmatrix},\ \boldsymbol{X}(\alpha|0\rangle+\beta|1\rangle)=\boldsymbol{X}\begin{pmatrix}\alpha\\\beta\end{pmatrix}=\begin{pmatrix}\beta\\\alpha\end{pmatrix} \tag{2-10}$$

因而量子非门的矩阵形式为

$$\boldsymbol{X}\equiv\begin{pmatrix}0&1\\1&0\end{pmatrix} \tag{2-11}$$

不难验证量子非门 $\boldsymbol{X}$ 是一个幺正变换。需要说明一点，量子计算机中的逻辑门都应是幺正变换。

量子非门是源自泡利算符的幺正变换，除此之外还有另外两个同类型的量

子逻辑门也较为基础和重要，分别是另外两个泡利算符门：

$$\boldsymbol{Y}=\begin{pmatrix}0 & -\mathrm{i}\\ \mathrm{i} & 0\end{pmatrix},\quad \boldsymbol{Z}=\begin{pmatrix}1 & 0\\ 0 & -1\end{pmatrix} \tag{2-12}$$

（二）单量子位旋转门

单量子位旋转门是对上述泡利算符门在一定规则下取 e 指数，针对式（2-11）和（2-12）所示的三个门，可以得出三个旋转门：

$$\boldsymbol{R}_X\equiv\exp\left(\frac{-\mathrm{i}\theta\boldsymbol{X}}{2}\right),\quad \boldsymbol{R}_Y\equiv\exp\left(\frac{-\mathrm{i}\theta\boldsymbol{Y}}{2}\right),\quad \boldsymbol{R}_Z\equiv\exp\left(\frac{-\mathrm{i}\theta\boldsymbol{Z}}{2}\right) \tag{2-13}$$

如果矩阵 $\boldsymbol{A}$ 满足 $\boldsymbol{A}^2=\boldsymbol{I}$，则有公式

$$\mathrm{e}^{\mathrm{i}Ax}=\cos(x)\boldsymbol{I}+\mathrm{i}\sin(x)\boldsymbol{A} \tag{2-14}$$

成立，显然三个泡利矩阵均满足该条件，因而利用该公式可以将旋转门改写为

$$\boldsymbol{R}_X(\theta)=\cos\left(\frac{\theta}{2}\right)\boldsymbol{I}-\mathrm{i}\sin\left(\frac{\theta}{2}\right)\boldsymbol{X}$$

$$\boldsymbol{R}_Y(\theta)=\cos\left(\frac{\theta}{2}\right)\boldsymbol{I}-\mathrm{i}\sin\left(\frac{\theta}{2}\right)\boldsymbol{Y}$$

$$\boldsymbol{R}_Z(\theta)=\cos\left(\frac{\theta}{2}\right)\boldsymbol{I}-\mathrm{i}\sin\left(\frac{\theta}{2}\right)\boldsymbol{Z}$$

继而得出上述三个旋转门的矩阵形式为

$$\begin{cases}\boldsymbol{R}_X(\theta)=\begin{pmatrix}\cos\left(\frac{\theta}{2}\right) & -\mathrm{i}\sin\left(\frac{\theta}{2}\right)\\ -\mathrm{i}\sin\left(\frac{\theta}{2}\right) & \cos\left(\frac{\theta}{2}\right)\end{pmatrix},\\ \boldsymbol{R}_Y(\theta)=\begin{pmatrix}\cos\left(\frac{\theta}{2}\right) & -\sin\left(\frac{\theta}{2}\right)\\ \sin\left(\frac{\theta}{2}\right) & \cos\left(\frac{\theta}{2}\right)\end{pmatrix},\\ \boldsymbol{R}_Z(\theta)=\begin{pmatrix}\mathrm{e}^{-\mathrm{i}\frac{\theta}{2}} & 0\\ 0 & \mathrm{e}^{\mathrm{i}\frac{\theta}{2}}\end{pmatrix}\end{cases} \tag{2-15}$$

可以验证，$\boldsymbol{R}_X$，$\boldsymbol{R}_Y$ 和 $\boldsymbol{R}_Z$ 的作用是使表征量子比特的量子态旋转了角度 θ，这正是称其为单量子位旋转门的原因。

除了量子非门和单量子位旋转门之外，还有三个非常重要的基础单比特量子门，在此一并引入作为后续研究的理论基础，分别是哈德玛门、相位门和 $\frac{\pi}{8}$

门，它们的矩阵形式分别为

$$\boldsymbol{H}=\frac{1}{\sqrt{2}}\begin{pmatrix}1 & 1\\1 & -1\end{pmatrix},\quad \boldsymbol{S}=\begin{pmatrix}1 & 0\\0 & \mathrm{i}\end{pmatrix},\quad \boldsymbol{T}=\begin{pmatrix}1 & 0\\0 & \mathrm{e}^{\mathrm{i}\frac{\pi}{4}}\end{pmatrix} \tag{2-16}$$

三、量子计算机物理实现的基本要求

量子计算机是为实现量子计算所设计的设备或仪器，因而为讨论量子计算机得以物理实现的基本要求，首先应简单分析一下实现量子计算的一般步骤和基本要求：

（1）为进行量子计算，首当其冲的是要能够对所设计的体系初始化，使其能够成为进行量子计算的输入状态。

（2）能够对所设计的体系进行量子计算的具体操作。量子计算是通过量子逻辑运算具体操作的，而如前所述，量子逻辑运算则必须是一个幺正变换，往往是根据具体的实际需要，通过量子态的动力学演化过程来实现。这种量子的操作是量子计算的核心内容。

（3）量子计算能够基于量子测量，正确读出输入状态经过量子逻辑运算后的运算结果。

因而，作为实现量子计算的物理体系——量子计算机应该必须满足以下几点基本的要求：

（1）由于输入状态应该基于量子二进制的，所以作为设备的物理体系必须有作为量子比特的二能级系统，以便于该系统的量子状态可以作为量子比特来承载量子信息，例如我们前面所讨论的电子自旋体系就是天生满足这个条件的量子系统。

（2）能够让体系的输入状态初始化到一个所需要的量子态上。这是因为量子计算机需要在一个较为稳定的初始化状态上，对相关的量子比特信息进行具体的操作和计算。例如对于相互纠缠的自旋链体系（每个格点处的自旋均为电子自旋），可将体系状态初始化到$|00\cdots0\rangle$上，量子计算机可以对制备在这个初始化状态上的量子信息（比如单比特的$\alpha|0\rangle+\beta|1\rangle$）进行具体的计算。

（3）各量子位之间应存在合适的相互作用类型，且可以方便地从外部对其进行操作控制，以完成所计划开展的相关量子计算[13]。仍然以上述所设计的自旋链体系模型为例，当前关于该模型的研究已经非常丰富，各量子位之间的相互作用有很多种形式，从而使得各格点位处的自旋相互纠缠，形成稳定的信息载体系统，从而方便进行量子操作。

（4）要求所设计的体系与周围环境之间的耦合作用极为微弱，消相干作用非常小，相干时间足够长，以保证量子计算的完成[13]。这一点对于量子计算机而言要求较为苛刻，因为承载量子信息的量子态系统是一个微观体系，周围环境易对其形成干扰，从而破坏量子计算得以进行的物理条件。

（5）可以对体系进行观测，从而读出最终的量子计算结果。对于进行量子计算过程的量子计算机而言，这一点也是非常基础和必要的，因为量子计算最终的目的是给出量子计算的最终结果，而这种量子计算行为的结果必须要通过量子测量才能确定，因而所设计的体系必须要考虑到这一点，能够较为方便地对最终体系状态进行量子测量，从而读出最终的计算结果。

根据上述要求，当前适合用作量子计算的物理体系有很多种，如谐振子量子计算机、光子量子计算机、光学共振腔量子计算机、离子阱量子计算机、核磁共振（NMR）量子计算机等等，各种方案也体现了各自的优越性，目前来讲并没有一套被所有人都共同接受的量子体系方案，当前所研究开发的量子计算机系统也不统一。相应而言，有关量子计算的量子算法也有非常多的方案和形式，在此受到篇幅所限无法进行详细列举，下面我们将针对不同算法中所应共同体现出的量子并行计算进行简单引入。

四、量子并行计算

在前面的内容中我们也有提到，由于量子力学中迭加原理的存在，使得量子计算异于经典的串行计算模式，它采用的往往是并行计算模式，这里我们将结合核磁共振量子体系引入量子并行计算。简单地来讲，量子并行计算就是指，幺正的量子逻辑运算同时对迭加态上的每个可能状态同时作用：

$$U_{\mathrm{f}}\Big(\sum_{i=0}^{N-1}|0\rangle|i\rangle\Big)=\sum_{i=0}^{N-1}|f(i)\rangle|i\rangle \tag{2-17}$$

式中：U_f 是一个幺正算符，实现的是 query f，其中 query f 的形式可以用矩阵表示为

$$\boldsymbol{U}_f=\begin{pmatrix}1&0&0&0&0&0&0&0\\0&1&0&0&0&0&0&0\\0&0&0&0&0&0&1&0\\0&0&0&1&0&0&0&0\\0&0&0&0&1&0&0&0\\0&0&0&0&0&1&0&0\\0&0&1&0&0&0&0&0\\0&0&0&0&0&0&0&1\end{pmatrix} \tag{2-18}$$

普遍地来讲，考虑 $n+m$ 个量子比特的量子体系，这里的 m 个量子比特作为函数寄存器，起始时刻处于态 $|0\rangle$；其他 n 个量子比特则分为两部分，$n=$

n_1+n_2，其中 n_1 个量子比特组成了混态，n_2 个量子比特组成了纯态。整个体系的密度算符具有如下的形式：

$$\begin{aligned}\boldsymbol{\rho} &= \frac{1}{2^{n_1}}\left([c_{0,0}|0,0,0\rangle+\cdots+c_{0,N_2-1}|0,0,N_2-1\rangle]\right.\\ &\quad\left.+[c_{1,0}|0,1,0\rangle+c_{1,1}|0,1,1\rangle+\cdots+c_{1,N_2-1}|0,1,N_2-1\rangle]\right)\\ &= \frac{1}{2^{n_1}}\left([c_{0,0}|0,0\rangle+\cdots+c_{0,N_2-1}|0,N_2-1\rangle]\right.\\ &\quad\left.+[c_{1,0}|0,N_2\rangle+\cdots+c_{1,N_2-1}|0,2N_2-1\rangle]\right)\end{aligned} \tag{2-19}$$

式中：$N_1=2^{n_1}$，$N_2=2^{n_2}$；为了方便起见，定义纯态的密度算符为

$$|\varphi\rangle\langle\varphi|\equiv[\varphi] \tag{2-20}$$

在式（2-20）的状态 $|i,j_1,j_2\rangle$ 中，i，j_1 和 j_2 分别指的是函数寄存器的态、n_1 寄存器的态和 n_2 寄存器的态；$|j_1,j_2\rangle=|j_{12}\rangle$，$j_{12}$ 表示 n_1 和 n_2 两个寄存器合在了一起，比如说

$$|j_1,j_2\rangle=|2,1\rangle=|0\cdots010,0\cdots01\rangle=|2N_2+1\rangle \tag{2-21}$$

幺正的量子逻辑计算 U_f 作用在这个既包含混态又包含纯态的体系上时，作用结果即

$$\begin{aligned}\boldsymbol{\rho}' &= U_f\boldsymbol{\rho}U_f^{-1}\\ &= \frac{1}{2^{n_1}}[c_{0,0}|U_f(0),0\rangle+\cdots+c_{0,N_2-1}|U_f(N_2-1),N_2-1\rangle]\\ &= \frac{1}{2^{n_1}}[c_{1,0}|U_f(N_2),N_2\rangle+\cdots+c_{1,N_2-1}|U_f(2N_2-1),2N_2-1\rangle])+\cdots\end{aligned} \tag{2-22}$$

在量子计算领域，Shor 算法和量子搜索算法是较为重要的两种基本算法，下面讨论这两种算法中如何实现量子并行计算。

（一）Shor 算法的并行计算

为了找到 $a^x \bmod N_b$ 的周期，需要两个寄存器，分别是数据寄存器和函数寄存器。数据寄存器需要 n 个量子比特，这里的 n 满足关系：

$$N_b^2<2^n<2N_b^2 \tag{2-23}$$

函数寄存器所需要的量子比特数也是如此。

在 Shor 算法中，也将数据寄存比特分成 n_1 和 n_2 个量子比特，n_1 个量子比特处于完全混态，n_2 个量子比特处于纯态。接着计算 $a^x \bmod N_b$，并将计算结果寄存在函数寄存器上，再对 n_2 寄存器进行傅里叶变换。这里结合一个具体案例进行解释，设

$$N_b=15,\ a=7,\ n=8,\ n_1=2,\ n_2=6 \tag{2-24}$$

在纯态量子计算机中，

$$|\varphi\rangle=(|0\rangle+|64\rangle+|128\rangle+\cdots)(|1\rangle+|7\rangle+|4\rangle+|13\rangle) \tag{2-25}$$

它的周期可以通过$\frac{q}{r}=64$，$q=256$获得。

在并行量子算法中，计算到最后，结果所处态的密度矩阵为

$$\begin{aligned}\boldsymbol{\rho}=&[(|1\rangle+|7\rangle+|4\rangle+|13\rangle)]([00]+[01]+[10]+[11])\\&\times[(|0\rangle+|16\rangle+|32\rangle+|48\rangle)]\end{aligned} \tag{2-26}$$

但在 Shor 算法的并行计算中，量子计算机不能是任意多的数量，这时需要每一个量子计算机有足够多的态进行相干迭加，从而使得所需要的态得到增强，不需要的态得到相消。因而表明，量子计算机的并行计算并非对任何问题都有效，而且即使有效，由于问题的不同，得到的效果也不相同[13]。

（二）量子搜索算法的并行计算

在经典计算机中，如果从无序数据库中搜索到所标记的目标，需要进行$\frac{N}{2}$次询问。在由完全混态和纯态所构成的量子计算机体系中，初态密度矩阵为

$$\boldsymbol{\rho}=|0\rangle\langle 0|\left(\sum_{i=1}^{N_1-1}|i\rangle\langle i|\right)|0\rangle\langle 0| \tag{2-27}$$

这里辅助位需要一个量子比特。假设在量子计算机中，n_1个量子比特处于完全混态，n_2个量子比特处于纯态，对n_2个纯态量子比特做哈德玛变换，可以得到

$$\begin{aligned}\boldsymbol{\rho}=&(|0\rangle\langle 0|)[|0\rangle+|1\rangle+\cdots+|N_2-1\rangle]|0\rangle\langle 0|\\&+(|0\rangle\langle 0|)[|N_2\rangle+|N_2+1\rangle+\cdots+|2N_2-1\rangle]\\&+(|0\rangle\langle 0|)[|2N_2\rangle+|2N_2+1\rangle+\cdots+|3N_2-1\rangle]\\&+\cdots\end{aligned} \tag{2-28}$$

可以将数据库分成N_1个子数据库，每个有N_2个数据。这里采用经过修正的 Grover 算法，可以分成四步来进行：

（1）对全部n_1+n_2个寄存器做 query 操作，满足 query 的态，其函数寄存器的函数旋转角度ϕ；

（2）对寄存器n_2进行哈德玛变换；

（3）让n_2寄存器上的态$|00\cdots 0\rangle$旋转相位角ϕ；

（4）对n_2寄存器做哈德玛变换。

这里，角度ϕ的取值形式为

$$\phi=2\arcsin\left(\sqrt{N_2}\sin\frac{\pi}{4J+6}\right) \tag{2-29}$$

显而易见的是，如果目标状态不在其中的子数据库，上述操作仅仅产生了一个无法观测的相位，也就是说，从观测的结果来看，这些子数据库是保持不变的。

对于包含目标态的子数据库，假设此时 n_1 寄存器的值为 $|j_1^0\rangle$，那么 n_2 寄存器的结果从 N_2 个基态的迭加态变成单态 $|j_2^0\rangle$，n_1+n_2 的值为 $|j_1^0, j_2^0\rangle$。以上四个步骤重复的次数为

$$J=\left\lfloor \frac{\left(\frac{\pi}{2}-\beta\right)}{2\beta} \right\rfloor \approx \left\lfloor \frac{\pi\sqrt{N_2}}{4} \right\rfloor \tag{2-30}$$

式中：$\beta=\arcsin\left(\frac{1}{\sqrt{N_2}}\right)$，符号$\lfloor\ \rfloor$意味着对其中的数进行取整。

作完 J 次后，再做一次 query，满足 query 的，函数寄存器做一个翻转，即从 0→1。最后测量辅助位，即测量函数寄存位，谱峰中向下的即为我们所要搜索的目标位，这样整个算法所需要的 query 的次数为

$$J=\left\lfloor \frac{\pi\sqrt{N_2}}{4} \right\rfloor = \left\lfloor \frac{\pi\sqrt{\frac{N}{N_2}}}{4} \right\rfloor \tag{2-31}$$

（1）当 $n_1=0$，$n_2=n$ 时，完全是有效纯态的模式，需要的 query 的次数为$\frac{\pi\sqrt{N}}{4}$；

（2）当 $n_1=n$，$n_2=0$ 时，是一个完全混合体系，这种情况下仅仅进行一次 query 就可以搜索到目标态；

（3）当 $n_1=n-1$，$n_2=1$ 时，若在单个分子中做 Grover 算法，需要的 query 的次数是$\frac{\pi\sqrt{N}}{4}$，但如果用 N_1 个数目的分子，需要的 query 的次数是$\frac{\pi\sqrt{\frac{N}{N_2}}}{4}$。

第三节　通用量子逻辑门

量子逻辑门是量子计算机的核心研究内容之一，本节内容在上一节简单量子逻辑内容的基础上，重点引入通用量子逻辑门。在经典计算机中，由逻辑门

组成的集合往往能够用以计算经典情形下任意的函数，如与门、或门、非门所组成的集合。在量子计算机领域，可以做类似的考虑，如果一组量子逻辑门的量子线路能够以任意精度进行近似任意的幺正计算，那么这组门称为对量子计算是通用的。事实上，哈德玛门、相位门、受控非门和$\frac{\pi}{8}$门就可以以任意精度进行近似的任意幺正计算，其中哈德玛门、相位门和$\frac{\pi}{8}$门上一节已经进行了简单引入，本节为了引入通用量子门，首先介绍受控非门的概念和运算作用。

一、受控非门

受控非门是一种多比特量子门，由两个输入量子比特组成，一个叫作控制量子比特，另一个叫作目标量子比特。

受控量子逻辑操作的作用主要是：如果控制量子比特的输入为$|0\rangle$，则目标量子比特保持不变；如果控制量子比特的输入为$|1\rangle$，则目标量子比特将会发生反转，也就是说受控非门的逻辑功能可视作由$|c\rangle|t\rangle\rightarrow|c\rangle|t\oplus c\rangle$给出。具体而言，其输入输出的关系为

$$\begin{cases}|00\rangle\rightarrow|00\rangle,\\|01\rangle\rightarrow|01\rangle,\\|10\rangle\rightarrow|11\rangle,\\|11\rangle\rightarrow|10\rangle\end{cases}\tag{2-32}$$

式中：第一个比特为控制比特，第二个比特为目标比特。在$|$控制，目标$\rangle$基矢下，受控非门的矩阵形式记作

$$\boldsymbol{U}=\begin{pmatrix}1&0&0&0\\0&1&0&0\\0&0&0&1\\0&0&1&0\end{pmatrix}\tag{2-33}$$

受控非门可以由基础的单比特量子门构造而得到，比如可以由一个受控Z门和两个受控哈德玛门来构造，其中需要指定控制量子比特和目标量子比特。

二、通用量子门

通用量子门的构造一般包含三步：第一，将任意的幺正算符精确地记作其他幺正算符的乘积，乘积中的每个幺正算符的作用只是在由两个计算基态张成的字空间上非平庸；第二，将第一步和幺正算符相结合，精确地用一个单比特量子门和一个受控非门表示出来；第三，包含第二步和一个结论：单量子比特

计算可用哈德玛门、相位门和$\frac{\pi}{8}$门以任意精度进行近似。这就表明，任意的幺正计算都可以用哈德玛门、相位门和$\frac{\pi}{8}$门以任意精度进行近似[13]。

（一）两级幺正逻辑门是通用的

对于在任意的 d 维希尔伯特空间中操作的幺正矩阵算符 $\boldsymbol{U}$ 而言，我们将讨论如何将其分解成两级幺正矩阵之积，也就是说只是非平庸地作用在矢量的一个或两个分量上的幺正矩阵。为了认识分解的本质思想，首先在 3×3 的矩阵中进行具体讨论，假设幺正矩阵 $\boldsymbol{U}$ 为

$$\boldsymbol{U}=\begin{pmatrix} a & d & g \\ b & e & h \\ c & f & j \end{pmatrix} \tag{2-34}$$

目的在于寻找两级幺正矩阵 $\boldsymbol{U}_1$，$\boldsymbol{U}_2$，$\boldsymbol{U}_3$，满足

$$\boldsymbol{U}_3\boldsymbol{U}_2\boldsymbol{U}_1\boldsymbol{U}=\boldsymbol{I} \tag{2-35}$$

式中：$\boldsymbol{I}$ 是一个单位矩阵，从而有

$$\boldsymbol{U}=\boldsymbol{U}_1^+\boldsymbol{U}_2^+\boldsymbol{U}_3^+ \tag{2-36}$$

从式（2-35）得出式（2-36）利用了矩阵 $\boldsymbol{U}$，$\boldsymbol{U}_1$，$\boldsymbol{U}_2$，$\boldsymbol{U}_3$ 的幺正性，其中两级幺正矩阵 $\boldsymbol{U}_1$，$\boldsymbol{U}_2$ 和 $\boldsymbol{U}_3$ 的逆矩阵 $\boldsymbol{U}_1^+$，$\boldsymbol{U}_2^+$ 和 $\boldsymbol{U}_3^+$ 也一定是两级幺正矩阵。所以，若能证明式（2-35）的成立，就给出了 $\boldsymbol{U}$ 矩阵分解成两级幺正矩阵相乘的具体分解方式。

下面我们来考察如何构建 $\boldsymbol{U}_1$。如果 $b=0$，可令

$$\boldsymbol{U}_1\equiv\begin{pmatrix} 1 & 0 & 0 \\ 0 & 1 & 0 \\ 0 & 0 & 1 \end{pmatrix} \tag{2-37}$$

如果 $b\neq 0$，可以构造

$$\boldsymbol{U}_1\equiv\begin{pmatrix} \frac{a^*}{\sqrt{|a|^2+|b|^2}} & \frac{b^*}{\sqrt{|a|^2+|b|^2}} & 0 \\ \frac{b}{\sqrt{|a|^2+|b|^2}} & \frac{-a}{\sqrt{|a|^2+|b|^2}} & 0 \\ 0 & 0 & 1 \end{pmatrix} \tag{2-38}$$

这样构造出的无论式（2-37）还是（2-38）形式的 $\boldsymbol{U}_1$ 都是两级幺正矩阵，使 $\boldsymbol{U}_1$ 和 $\boldsymbol{U}$ 相乘，从而有

$$U_1U=\begin{pmatrix}a' & d' & g' \\ 0 & e' & h' \\ c' & f' & j'\end{pmatrix} \tag{2-39}$$

需要说明的是，关键之处在于式（2-39）中第一列第二行的矩阵元为0，其他矩阵元的值无关紧要，这里随便用了字母上角的一撇表示。

通过同样的方式，构造两级幺正矩阵 U_2，让 U_2U_1U 相乘完后矩阵的第一列第三行的矩阵元为0，也就是说类似于式（2-39）中的 $c'=0$，从而可以令

$$U_2\equiv\begin{pmatrix}a'^* & 0 & 0 \\ 0 & 1 & 0 \\ 0 & 0 & 1\end{pmatrix} \tag{2-40}$$

如果 $c'\neq 0$，则可以构造

$$U_2\equiv\begin{pmatrix}\dfrac{a'^*}{\sqrt{|a'|^2+|c'|^2}} & 0 & \dfrac{c'^*}{\sqrt{|a'|^2+|c'|^2}} \\ 0 & 1 & 0 \\ \dfrac{c'}{\sqrt{|a'|^2+|c'|^2}} & 0 & \dfrac{-a'}{\sqrt{|a'|^2+|c'|^2}}\end{pmatrix} \tag{2-41}$$

无论哪种情形，U_2U_1U 相乘后有

$$U_2U_1U=\begin{pmatrix}1 & d'' & g'' \\ 0 & e'' & h'' \\ 0 & f'' & j''\end{pmatrix} \tag{2-42}$$

因为 U_1，U_2 和 U_3 都是幺正矩阵，从而能够证明 U_2U_1U 相乘而得到的矩阵（2-42）也是幺正矩阵，再加上矩阵 U_2U_1U 第一行的模应该等于1，从而给出

$$d''=g''=0 \tag{2-43}$$

继而可以构造

$$U_3=\begin{pmatrix}1 & 0 & 0 \\ 0 & e''^* & h''^* \\ 0 & f''^* & j''^*\end{pmatrix} \tag{2-44}$$

将式（2-44）、(2-40)、(2-37）和（2-34）相乘可以得到

$$U_3U_2U_1U=I \tag{2-45}$$

即有式（2-36），$U=U_1^+U_2^+U_3^+$ 是 U 的两级幺正分解。

利用类似的方法，可以考虑更为普遍的情形。假设 U 是任意 d 维希尔伯特空间中的幺正算符，与上述三维情形类似，可构造两级幺正矩阵 U_1，U_2，

…，$\boldsymbol{U}_{d-1}$，使 $\boldsymbol{U}_{d-1}\boldsymbol{U}_{d-2}\cdots\boldsymbol{U}_1\boldsymbol{U}$ 乘完后得到的矩阵的第一行第一列矩阵元等于 1，其他矩阵元都等于 0。然后对 $\boldsymbol{U}_{d-1}\boldsymbol{U}_{d-2}\cdots\boldsymbol{U}_1\boldsymbol{U}$ 右下角的 $(d-1)\times(d-1)$ 的子幺正矩阵重复此过程，逐次进行下去，最终 $d\times d$ 的幺正矩阵可以记作

$$\boldsymbol{U}=\boldsymbol{V}_1\cdots\boldsymbol{V}_k \tag{2-46}$$

式中：$\boldsymbol{V}_i$ 就是两级幺正矩阵；$k\leqslant(d-1)+(d-2)+\cdots+1=\dfrac{d(d-1)}{2}$。

（二）单量子比特门和受控非门是通用的

上面给出了任意维度的希尔伯特空间中的幺正矩阵都能够分解为两级幺正矩阵的相乘，这里证明一下，单量子比特门和受控非门可实现 n 量子比特状态空间上的任意两级幺正计算。最终给出单量子比特门和受控非门可对 n 量子比特进行任意的幺正计算，也就是说这两种量子逻辑门是通用的。

假定 $\boldsymbol{U}$ 是 n 量子比特的两级幺正矩阵，并要求在该计算机基态 $|s\rangle$ 和 $|t\rangle$ 所生成的空间中，$\boldsymbol{U}$ 的作用是非平庸的，这里 $|s\rangle$ 和 $|t\rangle$ 是二进制展开的形式，$|s\rangle=|s_1\cdots s_n\rangle$，$|t\rangle=|t_1\cdots t_n\rangle$。定义 $\tilde{\boldsymbol{U}}$ 是 $\boldsymbol{U}$ 在 2×2 空间中一个非平庸的子幺正矩阵，则 $\tilde{\boldsymbol{U}}$ 是单比特的幺正算符。下面以单量子比特门和受控非门为依据，构建实现 $\boldsymbol{U}$ 的线路。为做到这一点，需借助 Gray 码，假设存在两个不同的二进制数 s 和 t，连接二者的 Gray 码是 s 开头 t 结束的二进制数，使得相邻的数恰好有一位不同。例如，$s=101001$ 和 $t=110011$ 时，Gray 码是

$$\text{Gray}\quad\text{number}=\begin{matrix}1&0&1&0&0&1\\1&0&1&0&1&1\\1&0&0&0&1&1\\1&1&0&0&1&1\end{matrix} \tag{2-47}$$

令 g_1 到 g_m 为连接 s 和 t 的 Gray 码的元，且 $g_1=s$，$g_m=t$，这里总可以找到满足 $m\leqslant n+1$ 的 Gray 码，因为 s 和 t 最多有 n 个位置不同。

实现 $\boldsymbol{U}$ 的基本想法是通过一系列的量子逻辑门，给出状态变换 $|g_1\rangle\rightarrow|g_2\rangle\rightarrow\cdots\rightarrow|g_{m-1}\rangle$，再进行受控 $\tilde{\boldsymbol{U}}$ 门计算，目标量子比特处在 g_{m-1} 和 g_m 不同的那一位，然后还原第一阶段的计算，进行 $|g_{m-1}\rangle\rightarrow|g_{m-2}\rangle\rightarrow\cdots\rightarrow|g_1\rangle$ 的变换，最后的结果就是 $\boldsymbol{U}$ 的一个实现方式。

更具体地来讲，第一步交换了 $|g_1\rangle$ 和 $|g_2\rangle$ 的状态，设 $|g_1\rangle$ 和 $|g_2\rangle$ 的第 i 位值不同，则通过第 i 个量子比特的受控比特的反转来完成交换，条件是 $|g_1\rangle$ 和 $|g_2\rangle$ 的其他量子位的量子比特都相同；然后借助一个受控计算再来交换 $|g_2\rangle$ 和 $|g_3\rangle$，…，以此类推，直到将 $|g_{m-2}\rangle$ 和 $|g_{m-1}\rangle$ 进行交换完毕。这 $m-2$

个计算的效果是完成如下计算：

$$\begin{cases}|g_1\rangle\to|g_{m-1}\rangle\\|g_2\rangle\to|g_1\rangle\\|g_3\rangle\to|g_2\rangle\\\quad\cdots\cdots\\|g_{m-1}\rangle\to|g_{m-2}\rangle\end{cases}\tag{2-48}$$

计算基矢的所有其他状态在这一连串计算中均保持不变。第二步，设 g_{m-1} 和 g_m 的第 j 位不同，而其他位的量子比特相同，此时进行以第 j 量子比特为目标的受控 $\tilde{\boldsymbol{U}}$ 门计算。最后，用还原性的交换计算完成 $\boldsymbol{U}$ 的计算：交换 $|g_{m-1}\rangle$ 和 $|g_{m-2}\rangle$，交换 $|g_{m-2}\rangle$ 和 $|g_{m-3}\rangle$，…，以此类推，直至交换 $|g_2\rangle$ 和 $|g_1\rangle$。

为了更加清晰地表达上述过程，引入一个具体实例。实现两级幺正变换：

$$\boldsymbol{U}=\begin{pmatrix}a&0&0&0&0&0&0&c\\0&1&0&0&0&0&0&0\\0&0&1&0&0&0&0&0\\0&0&0&1&0&0&0&0\\0&0&0&0&1&0&0&0\\0&0&0&0&0&1&0&0\\0&0&0&0&0&0&1&0\\b&0&0&0&0&0&0&d\end{pmatrix}\tag{2-49}$$

式中：a，b，c 和 d 是使得 $\tilde{\boldsymbol{U}}=\begin{pmatrix}a&c\\b&c\end{pmatrix}$ 为幺正矩阵的任意复数，需要注意的是 $\boldsymbol{U}$ 的作用只有在状态 $|000\rangle$ 和 $|111\rangle$ 上是非平庸的。连接 $|000\rangle$ 和 $|111\rangle$ 的 Gray 码为

$$\begin{matrix}&A&B&C\\&0&0&0\\\text{Gray number}=&0&0&1\\&0&1&1\\&1&1&1\end{matrix}\tag{2-50}$$

从这里可以得出量子电路如图 2-2 所示。

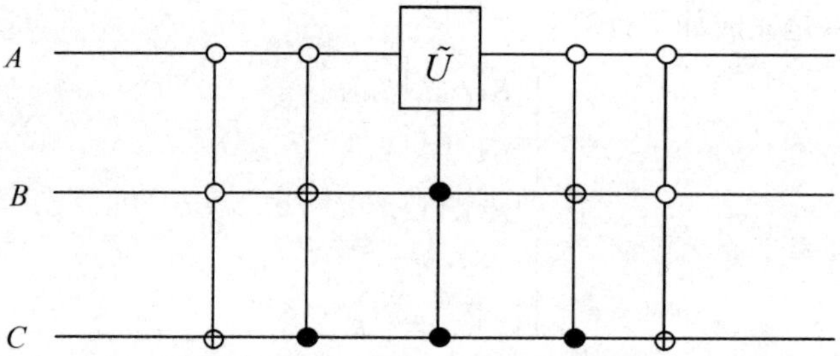

图 2-2　一个两级幺正计算的线路

前两个门对状态进行转换，把$|000\rangle$和$|011\rangle$交换。接着计算$\tilde{\boldsymbol{U}}$以第二和第三量子比特是$|11\rangle$为条件，应用到状态$|011\rangle$和$|111\rangle$的第一量子比特。最后还原状态，让$|011\rangle$和$|000\rangle$交换。

对于普遍的一般情形，为实现两级幺正计算$\boldsymbol{U}$，需要最多$2(n-1)$个受控计算来交换$|g_1\rangle$和$|g_{m-1}\rangle$，然后再返回。每个这样的受控计算可以用$O(n)$个单量子比特和受控非门，受控$\tilde{\boldsymbol{U}}$也需要$O(n)$个门，因而实现$\boldsymbol{U}$需要$O(n^2)$个单量子比特和受控非门。在n量子比特的2^n维状态空间上的任意幺正矩阵可以记作$O(2^{2n})=O(4^n)$个两级幺正计算的乘积。将这些结果相结合，可以知道n量子比特上的任意幺正计算可以用包含$O(n^2 4^n)$个单量子比特门和受控非门的线路来实现。

第四节　量子通信

作为量子计算机研究领域的另一个核心任务，量子通信已经成了当今物理学绝大部分领域的研究热点，所谓量子通信指的是携带量子信息的量子态从一个位置向另一个位置的通信或者传递。从通信的距离上来讲，可将量子通信分为远程量子通信和短程量子通信两大类，量子远程通信一般是指量子信息在米、千米乃至更长距离上的传送，而量子短程通信则是指量子信息在较短的距离上进行传输。在实际操作中，量子远程通信往往是量子信息在不同的量子计算机系统之间的传输，而量子短程通信则是指量子信息根据需要在量子计算机内部各器件之间的通信[20]。

从物理上来讲，量子远程通信往往要涉及是否信息能够安全准确地传送至目的地，因而此类量子通信的关键任务一方面是信息传送的准确与否，另一方面则还要涉及量子信息传输的安全性问题，因而量子远程通信主要包括量子密钥分配、量子安全直接通信、量子机密共享、量子认证和量子比特承诺等方面的内容，一般意义下，所谓的量子通信往往指的是量子远程通信；量子短程通信中由于信息的传送主要在量子计算机内部进行，因而一般不涉及安全性的问题，其研究的重点在于如何实现不同器件间信息传送的精准度问题，以及如何高精度地根据不同器件之间的需要进行信息传输调控的问题，为了区分量子远程通信，量子短程通信也往往称为量子信息传输。由于两种量子通信的这种差异，导致二者得以实现的物理原理有着本质的差异，关于两种通信的实现协议也各不相同。笔者有关量子通信的研究主要集中在量子短程通信领域，因而对于量子远程通信这里只是进行较为一般性的引入，我们的重点在于介绍量子短程通信的理论背景和研究现状，从而为后面关于此方面的研究进行理论铺垫。

一、量子远程通信简介

量子远程通信往往又称为量子保密通信，一般认为是绝对安全的，但这并不意味着窃听者无法窃听量子信道，这种绝对安全指的是，通信双方可以采用一定的技术手段，比如说对一定抽样数据出错率进行分析，从而了解到信息通信的过程中是否被人窃听，进而判断所传输的量子信息是否可用。

由于量子密钥分配在量子通信领域中应用最为广泛，并且是量子远程通信其他各研究方向重要的理论基础，因而它在量子远程通信领域中具有当仁不让的核心地位。量子密钥分配基于承载信息的量子态，借助量子基础理论传输量子信息，并在传输的过程中确保信息的安全可靠，在保密的通信双方之间建立可以共享的量子密钥的方法，它是量子论融入信息理论的交叉产物。有关量子密钥分配的研究目前已经相当成熟，能够在理论和实验上得到的方案也不下几十种之多，我们这里仅仅简单介绍一下几种代表性的、认可程度大的量子密钥分配方案的基本物理思想。

BB84 方案的物理思想：

通信发起者 Alice 从$\{|\uparrow_z\rangle, |\downarrow_z\rangle, |\uparrow_x\rangle, |\downarrow_x\rangle\}$中任意选择一个态，传输给通信接受者 Bob，Bob 收到这个承载信息的量子态后，在该态上测量两个力学量 σ_x 和 σ_z，如果 Bob 所测量的态恰好是 σ_x 或 σ_z 的本征态（注意 σ_x 的本征态不是 σ_z 的本征态），那么可以唯一地测出 σ_x 或 σ_z 的取值（即为本征值），否则将不能得出唯一取值。Bob 将他所选取的测量量告诉 Alice，Alice 告诉他保留正确的测量结果，形成密钥序列，Alice 和 Bob 各自选择自己的密钥序列对比，一致则是成功的通信，不一致则重新进行通信，从而保证通信安全。

B92 方案的物理思想：

B92 方案是 BB84 方案的修正版。Alice 选择了量子比特后发送给 Bob，Bob 选择一组不正交的基矢 $|V\rangle$ 或 $|R\rangle$ 来进行测量，这种方案的安全性是由不可克隆定理来保证的，这样对窃听者来说，没办法精确复制信道中传输的量子信号，或者说他的窃听行为必然扰动原来的量子信号。

二、量子短程通信

很显然，如同经典计算机一样，量子计算机的最终实现应该是基于固体材料的，这是很自然地，因为很难想象液态或者气态量子计算机是什么样子的，也就是说量子计算机内部的各器件应该是固体材料制作而成，因而量子短程通信的传输信道应该是固体信道。由于量子短程通信实现的是信息在量子计算机内部器件之间的传输，因而安全性不再是量子短程通信研究所特别关注的问题，信息在传输过程中的传输精度就成了其最关键的核心任务，信息的传输精度是指承载信息的量子态从始端向终端进行传输时，能够保持初始状态原貌的百分比，往往可以用保真度来表示。所谓保真度在不同的短程通信信道方案中具体定义有所不同，但一般来讲可以用信息传输完毕后，体系状态相较于初始状态的演化系数的模来决定，量子短程通信的要求自然是信息传输的保真度越高越好，理想目标是实现保真度为 1 的信息传输，这被称为是量子信息的完美传输。此外，由于量子短程通信实现的是各内部器件之间的信息传输，因而要求信息传输在保证保真度尽可能高的前提下，根据不同器件间信道传输的不同具体要求，可以进行相应的调整和控制，这就是量子短程通信的量子调控理论，也是本书作者关于有关量子短程通信研究的重要关注点。

至于量子短程通信的物理实现而言，如同量子远程通信一样，截至目前已有很多种较为成熟的方案，其中有两种方案尤为值得关注：一种是早期所提出的最为基础的交换门方案，另一种是被当前的物理学家所广为认可的具有极高可操性的自旋链方案。其中自旋链方案一经提出后，立即得到了广泛关注，被视作极有可能在量子计算机中得到真正应用的方案。

（一）交换门方案

交换门方案是传输承载信息量子态的一种直接方案，因其自然性，是最早提出实现量子信息短程传输的方案。

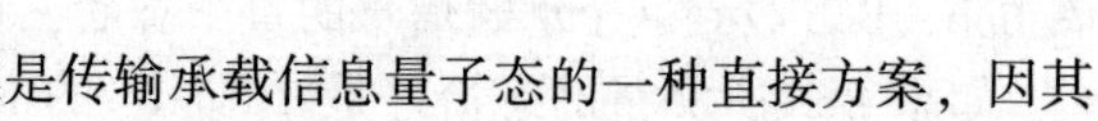

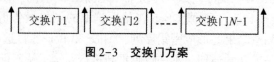

图 2-3　交换门方案

如图 2-3 所示，交换门方案的基本设备是在每两个量子比特之间设置一个交换门，为方便表述，给交换门编制如图 2-3 所示的编码，其中交换门之间向上的箭头代表一个量子比特，从左至右依次称为第一、第二、第三直至第 N 个量子比特。交换门方案首先将承载信息的量子态制备在第一个量子比特上，打开交换门 1 的开关利用交换门 1 的作用，将态传输至第二个量子比特，再利用交换门 2 的作用传输至第三个量子比特，逐步进行下去，最终传输至终端。这里需要指出，每个交换门的作用都需要一定的时间，也就是说量子态在每两个量子比特之间通过交换门来传递时，都不是瞬时的，而是要经历一定时间才能完成。

交换门方案设想较为简单直接，在理论上易于理解，但在具体物理实现的过程中可操作性不强，这是因为这套方案的缺陷也非常明显。第一，交换门的开关时间要求节奏的把控科学得当，这是因为只有交换门 1 作用完后，来自第一个比特的量子态才会传输至第二个量子比特，此时才可打开交换门 2，如果 2 打开过早，意义不大，如果打开过迟又会造成时间上的浪费，之后各交换门打开的时间都存在着同样的问题，如何安排这种时间控制是交换门方案的困难之一。第二，为了实现量子信息在始端和终端的完整传输，需要不断打开各个交换门，这样就会给整体体系不断引入不必要的量子干扰，从而使得传输中承载信息的量子态不断发生改变，传输的精度或者说信息传输的保真度将会逐渐降低，从而使得最终传输到终端的量子态相较于初始状态发生较大偏离，意味着最终的量子信息所保留的起始时刻的信息非常少，传输就失去了根本的意义，表明交换门方案虽然简单直接、易于接受，但实际上的可操作性却不强。

（二）自旋链方案

自旋链方案源自 2003 年 Bose 所发表的一篇论文，他提出通过一维的自旋链信道可以实现量子信息的高保真度传输[48]。

如图 2-4 所示，自旋链是由一条一维的具有均匀格点分布的链，每个格点处有一个自旋 $s=\frac{1}{2}$ 的粒子，各粒子之间可以仅存在近邻相互作用或次近邻相互作用。

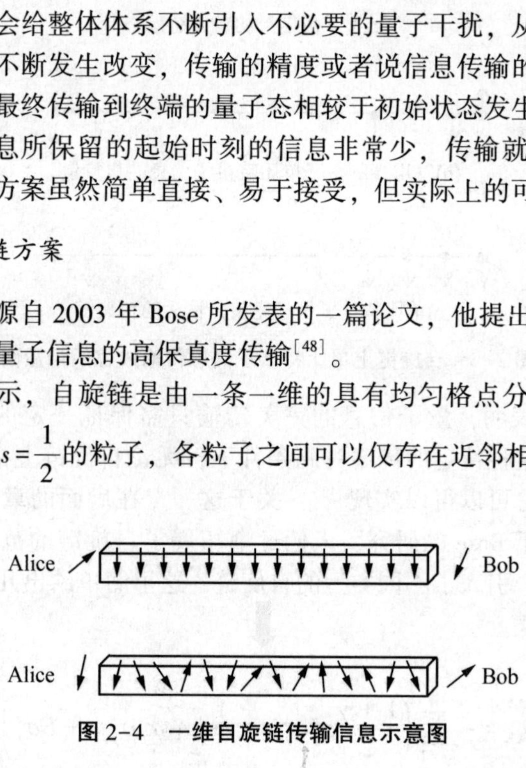

图 2-4　一维自旋链传输信息示意图

单比特量子信息的传输过程如图 2-5 所示，可以使没有传输量子信息的自旋链置于体系的基态上，此时各格点处自旋全部向下，即第一个图（a）；传输量子信息时，可以制备承载信息的量子态从自旋链的发送端输入，从而使得整个自旋链体系的状态与基态不同，自旋链上除了承载信息的格点自旋向上，其他格点处自旋全部向下，如图 2-5（b）所示；随着时间的推进，自旋链上每个格点处的自旋状态都将会发生演化，这种演化可用图 2-4 中下面那个图表征，这也体现了整个自旋链体系状态的整体演化；最终的传输目的是使得自旋链体系中，接收端量子比特的自旋向上，而左边自旋全部向下，即2-5 的第三个图（c），这就是实现了单比特量子信息保真度为 1 的完美传输。显然，自旋链信道中量子比特的传输，与交换门方案传输量子信息需要每个交换门依次开关不同，在自旋链上进行量子信息的传输，仅仅需要承载量子信息的量子态自身的动力学演化来完成，不再是量子比特分步调节传输，信息的传输是自旋链体系状态整体的演化行为，关键之处是在于如何将体系状态演化成为图 2-5（c）的形式，而非其他的情形。

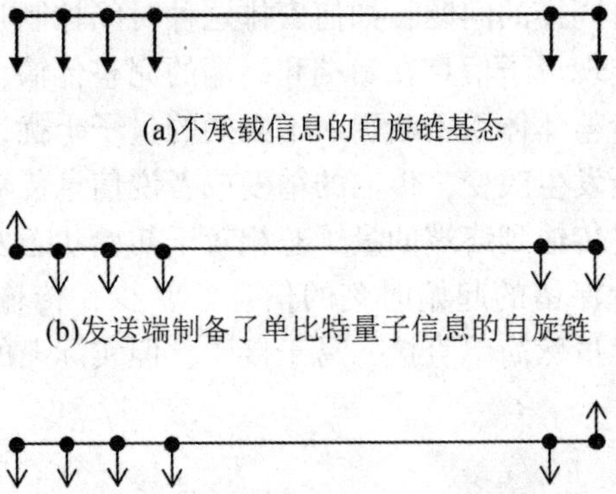

(a)不承载信息的自旋链基态

(b)发送端制备了单比特量子信息的自旋链

(c)单比特量子信息完美传输后的自旋链

图 2-5　自旋链上单比特量子信息传输过程的示意图

Bose 的研究表明，量子信息的完美传输只需保证一定的传输时间条件，也就是说信息在这种特定的传输时间条件下，无论自旋链上格点数目有多少，信息的完美传输总可以得以实现[48]，关于这一点在后面的章节我们还会进行详细的讨论。基于 Bose 的研究，人们逐渐拓展了自旋链的范围，依据格点间相互作用的不同，引入了不同类型的自旋链，这里简单给出几种常见自旋链模型的哈密顿量形式。

（1）*XY* 型：

$$H_{XY} = -\sum_{j=1}^{N}\left(\frac{1+\gamma}{2}\sigma_j^x\sigma_{j+1}^x + \frac{1-\gamma}{2}\sigma_j^y\sigma_{j+1}^y + B\sigma_j^z\right) \tag{2-51}$$

式中：γ 表明了 x 和 y 是各向异性的；B 是外加磁场，σ_j^{α} 是第 j 个泡利算符的第 $\alpha(\alpha=x, y, z)$ 个分量。

（2）XX 型：

$$H_{XX}=\sum_{n=1}^{N-1} J_{n,n+1}(\sigma_n^x\sigma_{n+1}^x+\sigma_n^y\sigma_{n+1}^y) \tag{2-52}$$

式中：$J_{n,n+1}=\sqrt{n(N-n)}$ 给出了相邻两格点之间的相互作用强度，显然 XX 型是 XY 型中 x 和 y 各向同性的一个特例。

（3）XYZ 型：

$$H_{XYZ}=\sum_{j=1}^{N}(J_x\sigma_j^x\sigma_{j+1}^x+J_y\sigma_j^y\sigma_{j+1}^y+J_z\sigma_j^z\sigma_{j+1}^z+B\sigma_j^z) \tag{2-53}$$

式中：J_x，J_y 和 J_z 是 x，y 和 z 方向的相互耦合强度。

（4）XXX 型：

$$H_{XXX}=-\sum_{(i,j)} J_{ij}\sigma_i\cdot\sigma_j-\sum_{i=1}^{N} B_i\sigma_i^z \tag{2-54}$$

式中：J_{ij}是第 i，j 粒子间的相互作用强度。

第三章　量子逻辑门的研究

量子计算机中量子比特位的处理是依靠量子逻辑门来实现的，因而关于量子逻辑门的研究对于推动量子计算机从理论走向实验室，并最终走向具体的应用具有举足轻重的作用。关于量子逻辑门的实现，较为成熟的方案主要有离子阱、核磁共振、量子点等等，在此基础上我们将引入量子博弈理论，利用硬币博弈的量子策略，研究并给出几种基础的量子逻辑门得以实现的理论方案。鉴于此，本章内容的前两节首先引入关于量子博弈基础理论，以及我们所做的有关研究；并在此基础上，进一步介绍如何利用量子博弈理论实现量子非门、或门、与门、与非门、或非门、异或门等量子逻辑功能。

第一节　量子硬币博弈

经典的博弈理论已经在经济学和工业决策模型中得到了极为重要的应用，主要用以解决和确定可能的最佳策略。Meyer 首次提出，对于二人零和硬币博弈而言，采用量子策略的博弈者，可以改变博弈最终胜负的概率，使得自己能够随心所欲地控制博弈游戏最终的走向，从而体现出量子策略比经典策略具有更大的优越性[47]。

一、单硬币量子博弈

众所周知，一个经典的硬币仅仅有两个可能的状态，记作正面向上和反面向上，这两个态用列矩阵可以记为

$$|\text{head}\rangle \equiv |1\rangle \equiv \begin{pmatrix}1\\0\end{pmatrix}, \qquad |\text{tail}\rangle \equiv |0\rangle = \begin{pmatrix}0\\1\end{pmatrix} \tag{3-1}$$

式中：$|1\rangle$和$|0\rangle$分别代表了硬币正面向上和反面向上的状态。在经典博弈理

论中，对式（3-1）所示的两种状态进行可能操作的个数为2！个，分别是

$$\boldsymbol{F}_{N=2}^{0}=\begin{pmatrix}1 & 0\\0 & 1\end{pmatrix},\qquad \boldsymbol{F}_{N=2}^{1}=\begin{pmatrix}0 & 1\\1 & 0\end{pmatrix} \tag{3-2}$$

$\boldsymbol{F}_{N=2}^{0}$作用至式（3-1）所示的任意状态上都使其保持不变；而$\boldsymbol{F}_{N=2}^{1}$则使其发生了翻转，使$|1\rangle$变成了$|0\rangle$，$|0\rangle$变成了$|1\rangle$。

根据式（3-2）的两个可能的经典操作，可以构造一个特殊的密度矩阵$\boldsymbol{G}_2$：

$$\boldsymbol{G}_2=\frac{1}{2}(\boldsymbol{F}_2^0+\boldsymbol{F}_2^1)=\frac{1}{2}\begin{pmatrix}1 & 1\\1 & 1\end{pmatrix},\qquad \mathrm{Tr}\boldsymbol{G}_2=1. \tag{3-3}$$

容易证明$\boldsymbol{G}_2$和$\boldsymbol{F}_{N=2}^{0}$，$\boldsymbol{F}_{N=2}^{1}$都是对易的：

$$[\boldsymbol{G}_2,\ \boldsymbol{F}_2^j]=\boldsymbol{G}_2\boldsymbol{F}_2^j-\boldsymbol{F}_2^j\boldsymbol{G}_2=0,\qquad j=0,\ 1 \tag{3-4}$$

从而可以得到

$$\boldsymbol{G}_2=(1-p)\boldsymbol{F}_2^0\boldsymbol{G}_2\boldsymbol{F}_2^{0+}+p\boldsymbol{F}_2^1\boldsymbol{G}_2\boldsymbol{F}_2^{1+} \tag{3-5}$$

式中：p是一个任意的参量，可以将p设定为$\boldsymbol{F}_2^1$对$\boldsymbol{G}_2$作用的可能概率，$(1-p)$表示的则是$\boldsymbol{F}_2^0$对$\boldsymbol{G}_2$作用的可能概率，式（3-5）表明无论$\boldsymbol{F}_2^1$和$\boldsymbol{F}_2^0$各自以多大的概率对$\boldsymbol{G}_2$作用（需要声明的是，这里由于仅仅有两个可能的经典操作$\boldsymbol{F}_2^1$和$\boldsymbol{F}_2^0$，所以二者作用的各自概率可以为任意值，但前提是二者之和必为1），作用完后的结果仍为$\boldsymbol{G}_2$，即经典的可能操作不会改变$\boldsymbol{G}_2$。

考虑式（3-1），一般意义下一个量子硬币的纯态形式为

$$|\chi\rangle=\cos\frac{\theta}{2}|\mathrm{head}\rangle+\mathrm{e}^{\mathrm{i}\varphi}\sin\frac{\theta}{2}|\mathrm{tail}\rangle=\begin{pmatrix}\cos\dfrac{\theta}{2}\\ \mathrm{e}^{\mathrm{i}\varphi}\sin\dfrac{\theta}{2}\end{pmatrix} \tag{3-6}$$

共轭的左矢形式为

$$\langle\chi|=\begin{pmatrix}\cos\dfrac{\theta}{2} & \mathrm{e}^{-\mathrm{i}\varphi}\sin\dfrac{\theta}{2}\end{pmatrix} \tag{3-7}$$

从而可以得到与该态相应的密度矩阵形式为

$$\boldsymbol{\rho}=|\chi\rangle\otimes\langle\chi|=\frac{1}{2}\begin{pmatrix}1+\cos\theta & \mathrm{e}^{-\mathrm{i}\theta}\sin\theta\\ \mathrm{e}^{\mathrm{i}\varphi}\sin\theta & 1-\cos\theta\end{pmatrix} \tag{3-8}$$

现在Alice和Bob二人在一个箱子里进行单硬币博弈游戏，二人可以事先约定胜负规则，比如可以约定如果最终正面向上则Bob胜，否则Alice胜。经典的博弈过程是Alice将硬币放入一个不可透视的箱子中，此时硬币状态为二者共知，然后Bob和Alice各摇动一次箱子后，交由Bob再摇动一次并打开箱子观察硬币状态。根据经典统计理论，二者获胜机会均等。然而，在量子博弈中，若Bob采用量子策略取代经典策略，而Alice仍然采用经典策略，则Bob总可以根

据需要获得自己想要的状态，控制游戏的最终结果，整个量子博弈过程如下：

（1）首先，Alice 制备硬币的初态为$|\chi_0\rangle$。硬币放置时的状态为博弈双方所共知，因而这里$|\chi_0\rangle$有两种情况，分别是如式（3-1）所示的$|0\rangle$和$|1\rangle$，相对应的密度矩阵分别为

$$\boldsymbol{\rho}_0^0=|0\rangle\otimes\langle 0|=\begin{pmatrix}0&0\\0&1\end{pmatrix},\quad \boldsymbol{\rho}_0^1=|1\rangle\otimes\langle 1|=\begin{pmatrix}1&0\\0&0\end{pmatrix}\tag{3-9}$$

（2）Bob 接过制备好初态的箱子，关闭后采用量子的策略进行摇动，即用一个幺正变换来替代经典的摇动。由于硬币开始的状态是已知的，因而他总可以将体系状态的密度矩阵变为$\boldsymbol{G}_2$：

$$\boldsymbol{\rho}_1=\boldsymbol{U}_1\boldsymbol{\rho}_0\boldsymbol{U}_1^+=\boldsymbol{G}_2=\frac{1}{2}\begin{pmatrix}1&1\\1&1\end{pmatrix}\tag{3-10}$$

式中：如果初始状态密度矩阵为$\boldsymbol{\rho}_0^0$，则

$$\boldsymbol{U}_1^0=\frac{1}{\sqrt{2}}\begin{pmatrix}1&1\\-1&1\end{pmatrix}\tag{3-11}$$

初始状态密度矩阵为$\boldsymbol{\rho}_0^1$，则

$$\boldsymbol{U}_1^1=\frac{1}{\sqrt{2}}\begin{pmatrix}1&1\\1&-1\end{pmatrix}\tag{3-12}$$

（3）之后，Bob 将箱子交给 Alice，Alice 仍然采用经典的策略摇动箱子。根据式（3-5）可知，Alice 经典的摇动不会改变箱子的状态：

$$\boldsymbol{\rho}_2=(1-p)\boldsymbol{F}_2^0\boldsymbol{G}_2\boldsymbol{F}_2^{0+}+p\boldsymbol{F}_2^1\boldsymbol{G}_2\boldsymbol{F}_2^{1+}=\boldsymbol{G}_2=\boldsymbol{\rho}_1\tag{3-13}$$

（4）最后，Bob 再次接过箱子进行摇动后打开箱子观察硬币的状态。由于此时体系密度矩阵为$\boldsymbol{G}_2$，因而 Bob 可根据自己的需要，选择式（3-11）或（3-12）的逆操作使硬币反面向上或者正面向上：

$$\boldsymbol{\rho}_1=\boldsymbol{U}_2\boldsymbol{\rho}_2\boldsymbol{U}_2^+=\boldsymbol{U}_2\boldsymbol{G}_2\boldsymbol{U}_2^+\tag{3-14}$$

为得到反面向上的$\boldsymbol{\rho}_0^0$，可选择

$$\boldsymbol{U}_2^0=\boldsymbol{U}_1^{0+}=\frac{1}{\sqrt{2}}\begin{pmatrix}1&-1\\1&1\end{pmatrix}\tag{3-15}$$

为得到正面向上的$\boldsymbol{\rho}_0^1$，则选择

$$\boldsymbol{U}_2^1=\boldsymbol{U}_1^{1+}=\frac{1}{\sqrt{2}}\begin{pmatrix}1&1\\1&-1\end{pmatrix}\tag{3-16}$$

量子博弈的结果表明，对于一个概率性结果的二人零和硬币博弈而言，如果一个游戏参与者采用的是量子策略，博弈结果将不再是概率性的，而变成了由量子策略采用者所决定的可控性的。

二、多硬币量子博弈

为得到任意多硬币模型的量子博弈，首先我们讨论两可区分硬币系统[42]。该系统由可以区分的、相互独立的两个硬币构成，两硬币的量子博弈在一个不可透视的箱子里进行，可以把这个游戏看成对每个硬币进行单硬币的量子博弈，其结果则为两个结果的线性迭加，表现在数学上构造密度矩阵 $\boldsymbol{G}_{2\times2}$ 时，可以用单个硬币的密度矩阵的直积来构成：

$$\boldsymbol{G}_{2\times2}=\boldsymbol{G}_2\otimes\boldsymbol{G}_2=\frac{1}{2}\begin{pmatrix}1&1\\1&1\end{pmatrix}\otimes\frac{1}{2}\begin{pmatrix}1&1\\1&1\end{pmatrix}=\frac{1}{4}\begin{pmatrix}1&1&1&1\\1&1&1&1\\1&1&1&1\\1&1&1&1\end{pmatrix} \tag{3-17}$$

求解该密度矩阵的本征问题可得其本征值：$\lambda_0=\lambda_1=\lambda_2=0$，$\lambda_3=1$，所对应的本征态分别为

$$\boldsymbol{V}_3=\frac{1}{2}\begin{pmatrix}1\\1\\1\\1\end{pmatrix},\quad \boldsymbol{V}_2=\frac{1}{2}\begin{pmatrix}1\\1\\-1\\-1\end{pmatrix},\quad \boldsymbol{V}_1=\frac{1}{2}\begin{pmatrix}1\\-1\\1\\-1\end{pmatrix},\quad \boldsymbol{V}_0=\frac{1}{2}\begin{pmatrix}1\\-1\\-1\\1\end{pmatrix} \tag{3-18}$$

可得使 $\boldsymbol{G}_{2\times2}$ 对角化的幺正矩阵和对应的对角矩阵分别为

$$\begin{cases}\boldsymbol{S}_3=\frac{1}{2}\begin{pmatrix}1&1&1&1\\1&1&-1&-1\\1&-1&1&-1\\1&-1&-1&1\end{pmatrix},\\ \boldsymbol{S}_2=\frac{1}{2}\begin{pmatrix}1&1&1&1\\-1&1&1&-1\\-1&1&-1&1\\1&1&-1&-1\end{pmatrix},\\ \boldsymbol{S}_1=\frac{1}{2}\begin{pmatrix}1&1&1&1\\-1&-1&1&1\\1&-1&1&-1\\-1&1&1&-1\end{pmatrix},\\ \boldsymbol{S}_0=\frac{1}{2}\begin{pmatrix}1&1&1&1\\1&-1&-1&1\\-1&1&-1&1\\-1&-1&1&1\end{pmatrix}\end{cases} \tag{3-19}$$

和

$$
\begin{cases}
\boldsymbol{\Lambda}_3=\begin{pmatrix}1&0&0&0\\0&0&0&0\\0&0&0&0\\0&0&0&0\end{pmatrix},\\
\boldsymbol{\Lambda}_2=\begin{pmatrix}0&0&0&0\\0&1&0&0\\0&0&0&0\\0&0&0&0\end{pmatrix},\\
\boldsymbol{\Lambda}_1=\begin{pmatrix}0&0&0&0\\0&0&0&0\\0&0&1&0\\0&0&0&0\end{pmatrix},\\
\boldsymbol{\Lambda}_0=\begin{pmatrix}0&0&0&0\\0&0&0&0\\0&0&0&0\\0&0&0&1\end{pmatrix}
\end{cases}
\tag{3-20}
$$

这里利用了对角化的幺正变换公式：

$$\boldsymbol{\Lambda}_j=\boldsymbol{S}_j^{+}\boldsymbol{G}_{2\times 2}\boldsymbol{S}_j,\ \boldsymbol{G}_{2\times 2}=\boldsymbol{S}_j\boldsymbol{\Lambda}_j\boldsymbol{S}_j^{+}\,(j=0,\ 1,\ 2,\ 3) \tag{3-21}$$

现在讨论两可区分硬币系统的量子博弈过程。对于单硬币而言，仍然规定正面向上的态记为$|1\rangle$，反面向上的态记为$|0\rangle$，这样两硬币则共有四个可能态：$|1\rangle\otimes|1\rangle$、$|1\rangle\otimes|0\rangle$、$|0\rangle\otimes|1\rangle$ 和$|0\rangle\otimes|0\rangle$。简单起见，做如下定义：

$$
\begin{cases}
|1\rangle\otimes|1\rangle=|\underline{3}\rangle=\begin{pmatrix}1\\0\\0\\0\end{pmatrix},\\
|1\rangle\otimes|0\rangle=|\underline{2}\rangle=\begin{pmatrix}0\\1\\0\\0\end{pmatrix},\\
|0\rangle\otimes|1\rangle=|\underline{1}\rangle=\begin{pmatrix}0\\0\\1\\0\end{pmatrix},\\
|0\rangle\otimes|0\rangle=|\underline{0}\rangle=\begin{pmatrix}0\\0\\0\\1\end{pmatrix}
\end{cases}
\tag{3-22}
$$

使两硬币的上述四个态发生跃迁的经典操作可用矩阵表示为

$$\begin{cases} \boldsymbol{F}_{2\times2}^{0}=\begin{pmatrix}1&0&0&0\\0&1&0&0\\0&0&1&0\\0&0&0&1\end{pmatrix}, \\ \boldsymbol{F}_{2\times2}^{1}=\begin{pmatrix}1&0&0&0\\0&1&0&0\\0&0&0&1\\0&0&1&0\end{pmatrix}, \\ \boldsymbol{F}_{2\times2}^{3}=\begin{pmatrix}1&0&0&0\\0&0&1&0\\0&1&0&0\\0&0&0&1\end{pmatrix}, \\ \vdots \\ \boldsymbol{F}_{2\times2}^{j} \\ \vdots \end{cases} \tag{3-23}$$

总共应有 24 个经典操作的矩阵，后边的 $\boldsymbol{F}_{2\times2}^{j}$，$(j=1,\ 2,\ 3\ldots\ 4!)$ 没有一一给出，它们的构成是把式（3-22）中 4 个可能的态按不同排列组合起来。注：在每一行每一列中都只有一个非 0 值 1。

可以证明，这里任意的经典操作算符 $\boldsymbol{F}_{2\times2}^{j}$ 与 $\boldsymbol{G}_{2\times2}$ 是对易的：

$$[\boldsymbol{G}_{2\times2},\ \boldsymbol{F}_{2\times2}^{j}]=\boldsymbol{G}_{2\times2}\boldsymbol{F}_{2\times2}^{j}-\boldsymbol{F}_{2\times2}^{j}\boldsymbol{G}_{2\times2}=0 \tag{3-24}$$

从而可得到

$$\boldsymbol{G}_{2\times2}=\left(1-\sum_{j=1}^{4!\ -1}p_j\right)\boldsymbol{F}_{2\times2}^{0}\boldsymbol{G}_{2\times2}\boldsymbol{F}_{2\times2}^{0+}+\sum_{j=1}^{4!\ -1}p_j\boldsymbol{F}_{2\times2}^{j}\boldsymbol{G}_{2\times2}\boldsymbol{F}_{2\times2}^{j+} \tag{3-25}$$

即 $\boldsymbol{G}_{2\times2}$ 不依赖任意参数 p_j，这里的 p_j 为第 j 个经典操作的可能概率。式（3-22）中四个可能态所对应的密度矩阵分别为

$$\begin{cases} \boldsymbol{\rho}_{11}=\begin{pmatrix}1&0&0&0\\0&0&0&0\\0&0&0&0\\0&0&0&0\end{pmatrix}, \\ \boldsymbol{\rho}_{10}=\begin{pmatrix}0&0&0&0\\0&1&0&0\\0&0&0&0\\0&0&0&0\end{pmatrix}, \\ \boldsymbol{\rho}_{01}=\begin{pmatrix}0&0&0&0\\0&0&0&0\\0&0&1&0\\0&0&0&0\end{pmatrix}, \\ \boldsymbol{\rho}_{00}=\begin{pmatrix}0&0&0&0\\0&0&0&0\\0&0&0&0\\0&0&0&1\end{pmatrix} \end{cases} \tag{3-26}$$

式中：$\boldsymbol{\rho}_{11}=\boldsymbol{\Lambda}_3$，$\boldsymbol{\rho}_{10}=\boldsymbol{\Lambda}_2$，$\boldsymbol{\rho}_{01}=\boldsymbol{\Lambda}_1$，$\boldsymbol{\rho}_{00}=\boldsymbol{\Lambda}_0$。现在 Alice 和 Bob 作一个两硬币的摇动游戏，与单硬币游戏类似，开始 Alice 在一个不可透视的箱子中放置好两个硬币，硬币放置的初态为二者共知；将箱子封闭后交给 Bob，Bob 摇动；之后再交还给 Alice，Alice 摇动后交给 Bob；Bob 再次摇动后将箱子打开。二人事先也可以做一个胜负的约定，比如说，约定两硬币相同面向上（正面同时向上，或者反面同时向上）Alice 胜；否则 Bob 胜。对于这种模型的经典博弈，二者获胜的概率相同，均为百分之五十。在量子博弈中，与单硬币类似，Bob 用量子摇动来代替经典操作；而 Alice 的所有操作仍然为经典的。现假设两可分辨量子硬币的初态为$|\chi_0\rangle$，整个量子博弈的具体过程则可通过表3-1 来体现。

表 3-1　两可区分硬币的量子博弈

初态 $\lvert\chi_0\rangle$	$\boldsymbol{\rho}_0$	$\boldsymbol{U}_1$	$\boldsymbol{\rho}_1=\boldsymbol{U}_1\boldsymbol{\rho}_0\boldsymbol{U}_1^+$	$\boldsymbol{\rho}_2$	$\boldsymbol{U}_2$	$\boldsymbol{\rho}_3=\boldsymbol{U}_2\boldsymbol{\rho}_2\boldsymbol{U}_2^+$	末态 $\lvert\chi\rangle$
$\lvert\underline{3}\rangle=\lvert1\rangle\lvert1\rangle$	$\boldsymbol{\rho}_{11}$	$\boldsymbol{S}_3$	$\boldsymbol{G}_{2\times2}$	$\boldsymbol{G}_{2\times2}$	$\boldsymbol{S}_3^+$	$\boldsymbol{\rho}_{11}$	$\lvert3\rangle=\lvert1\rangle\lvert1\rangle$
$\lvert\underline{2}\rangle=\lvert1\rangle\lvert0\rangle$	$\boldsymbol{\rho}_{10}$	$\boldsymbol{S}_2$	$\boldsymbol{G}_{2\times2}$		$\boldsymbol{S}_2^+$	$\boldsymbol{\rho}_{10}$	$\lvert2\rangle=\lvert1\rangle\lvert0\rangle$
$\lvert\underline{1}\rangle=\lvert0\rangle\lvert1\rangle$	$\boldsymbol{\rho}_{01}$	$\boldsymbol{S}_1$	$\boldsymbol{G}_{2\times2}$		$\boldsymbol{S}_1^+$	$\boldsymbol{\rho}_{01}$	$\lvert1\rangle=\lvert0\rangle\lvert1\rangle$
$\lvert\underline{0}\rangle=\lvert0\rangle\lvert0\rangle$	$\boldsymbol{\rho}_{00}$	$\boldsymbol{S}_0$	$\boldsymbol{G}_{2\times2}$		$\boldsymbol{S}_0^+$	$\boldsymbol{\rho}_{00}$	$\lvert0\rangle=\lvert0\rangle\lvert0\rangle$

从表 3-1 可以看出：

（1）初态为$|\chi_0\rangle$的两量子硬币的态密度矩阵为$\boldsymbol{\rho}_0=|\chi_0\rangle\langle\chi_0|$。因为 Bob 也知道 Alice 所制备的初态，所以他可以从 $\boldsymbol{S}_3$，$\boldsymbol{S}_2$，$\boldsymbol{S}_1$ 和 $\boldsymbol{S}_0$ 中选择适当的幺正矩阵作为对角化矩阵 $\boldsymbol{U}_1$ 将$\boldsymbol{\rho}_0$ 变为 $\boldsymbol{G}_{2\times2}$，即$\boldsymbol{\rho}_1=\boldsymbol{U}_1\boldsymbol{\rho}_0\boldsymbol{U}_1^+$。

（2）对于$\boldsymbol{G}_{2\times2}$，由式（3-25）可知，Alice 的经典摇动无法使其发生改变。

（3）这样的话，Bob 可以从幺正矩阵 $\boldsymbol{S}_3^+$，$\boldsymbol{S}_2^+$，$\boldsymbol{S}_1^+$ 和 $\boldsymbol{S}_0^+$ 中挑选合适的矩阵作为量子操作 $\boldsymbol{U}_2$，从而获得他所需要的任意态，进而实现对该游戏的控制。按照前面对胜负的约定，只要在这一步 Bob 选择量子操作 $\boldsymbol{U}_2=\boldsymbol{S}_2^+$ 或者 $\boldsymbol{S}_1^+$，他就可以总是获得该游戏的胜利。

通过上面的讨论可以发现，能够将两硬币模型的量子博弈理论向任意多个硬币体系的二人博弈进行推广。任意 M 个可以区分的量子硬币同样可以视作 M 个相互独立的量子硬币体系，各硬币独立进行单硬币量子博弈，整个体系的博弈则可视作 M 个单硬币量子博弈的直接迭加。最终表明，与二人零和单硬币博弈相类似，在两硬币乃至任意多硬币模型的博弈过程中，采用量子策略的博弈者相较于采用经典策略的博弈者而言，具有巨大的优势，博弈由经典的概率性转变为了决定性结果。

第二节　量子策略在硬币博弈中优越性的消除方案

通过上一节的分析可以了解到，二人硬币博弈游戏中，采用量子策略取代经典策略的博弈者 Bob，可使得本身为概率性的博弈变为可控性的，从而表明量子策略具有极大的优势。这样对于另外一个始终采用经典策略的博弈者 Alice 而言，整个博弈就不再是一个公平游戏，那么她是不是也可以采用一定的策略消除 Bob 量子策略的优越性，从而使游戏重归公平呢？答案是肯定的，她可以在合适的时机对体系进行一个合理的量子测量来做到这一点。

一、量子蒙特霍尔问题

为了研究量子测量对量子硬币博弈的影响，这里首先讨论量子测量对蒙特霍尔问题的影响。蒙特霍尔问题是一个特殊的博弈模型，具体的博弈过程可以进行如下描述。Alice 和 Bob 两个人进行一个博弈游戏，设备是一个粒子和三个箱子。首先，Alice 把这个粒子放置在一个箱子中，而 Bob 不知道在哪个箱子里，并且 Alice 不再改变粒子的位置（即不在两个箱子中互换位置）。Bob 选择一个箱子，如果粒子在该箱子里，则 Bob 获胜，否则 Bob 落败，那么从概率的角度来看，Bob 获胜的概率为$\frac{1}{3}$。这样 Bob 觉得不公平，要求进行如下操作：给箱子编号为 0，1 和 2，Bob 先在三个箱子中任意选择一个，例如选择箱子 0 但是不打开，让 Alice 把剩下的两个箱子中（1 或者 2）没有粒子的打开一个，比如打开的是 2，然后 Bob 在 0 和 1 这两个箱子里进行选择，如果 Bob 能够选择对，则 Bob 胜利。对于 Bob 而言，如果他继续选择箱子 0，那么他获胜的概率为$\frac{1}{3}$，而如果他改选箱子 1，那么 Bob 获胜的概率为$\frac{2}{3}$，这是因为他选择 1 就相当于选择了 1 和 2 两个，然后 2 让 Alice 打开后抛弃了，而选择 1 和 2 两个箱子的概率自然是 2/3，所以为获得较大的获胜概率，他肯定会选箱子 1，也就是说，他获胜的概率反而增大了。

根据上述说明，Bob 要求打开一个空箱子之后再进行选择，使得博弈策略对于己方有利，Alice 则受到了不公平的对待。为改变这一局面，Alice 可以采用量子策略，对体系进行合适的量子测量，从而使得 Alice 和 Bob 二人最终获胜的概率都是$\frac{1}{2}$，使博弈达到公平。需要注意的是，虽然 Alice 通过量子测量改变了体系状态，但是这种状态的改变并非体系的动力学演化，态进行演化则是博弈规则所不允许的。

在量子蒙特霍尔问题中，将粒子放入 0，1，2 三个箱子的状态可分别记为$|0\rangle$、$|1\rangle$、$|2\rangle$，为了更为一般性起见，可设 Alice 将粒子放入每个箱子的概率相等，即 Alice 制备了一个迭加形式的初始态：

$$|\phi\rangle_p=\frac{1}{\sqrt{3}}(|0\rangle+|1\rangle+|2\rangle)$$

在这个态上，Bob 选择任意一个箱子，他获胜的概率为$\frac{1}{3}$；如上所述，若 Bob 指定一个空箱子（比如 0），Alice 从剩下的箱子 1 和 2 中选择一个空的打开（如 2）；那么 Bob 选择箱子 1 获胜的概率将为$\frac{2}{3}$。

当 Alice 打开空箱子 2 后，她对体系进行一个量子测量。打开箱子 2 后体系的状态密度矩阵为

$$\boldsymbol{\rho}_p=\frac{1}{3}|0\rangle\langle 0|+\frac{2}{3}|1\rangle\langle 1| \tag{3-27}$$

由于起初是 Alice 在箱子中放入的粒子，因而她知道粒子在哪个箱子里，从而能够决定如何对箱子 0 和 1 进行测量。她进行测量的正交基可以选择为

$$\begin{cases}|\varphi\rangle_0=\cos\alpha_0|0\rangle+\sin\alpha_0|1\rangle\\|\varphi\rangle_0^{\perp}=-\sin\alpha_0|0\rangle+\cos\alpha_0|1\rangle\end{cases} \tag{3-28}$$

和

$$\begin{cases}|\varphi\rangle_1=\cos\alpha_1|0\rangle+\sin\alpha_1|1\rangle\\|\varphi\rangle_1^{\perp}=-\sin\alpha_1|0\rangle+\cos\alpha_1|1\rangle\end{cases} \tag{3-29}$$

式中：$0\leqslant\alpha_0\leqslant\frac{\pi}{2}$，$0\leqslant\alpha_1\leqslant\frac{\pi}{2}$。如果粒子在箱子 0 中，*Alice* 利用式（3-28）对箱子 0 进行测量；如果粒子在箱子 1 里，她则利用式（3-29）对箱子 1 进行测量。

选择$|0\rangle$或者$|1\rangle$的纯策略可以表示为

$$\mathrm{N}_\rho=\langle 0|\boldsymbol{\rho}|0\rangle,\quad V_\rho=\langle 1|\boldsymbol{\rho}|1\rangle \tag{3-30}$$

为不失为一般意义，Bob 所做出的选择应是一个混合形式：

$$S_{\mathrm{B}}(\eta)=\eta N+(1-\eta)V \tag{3-31}$$

则 Bob 获胜的概率为

$$P_{\mathrm{B}}=S_{\mathrm{B}}(\eta)\boldsymbol{\rho}'_{P} \tag{3-32}$$

将式（3-31）代入可得

$$P_{\mathrm{B}}=S_{\mathrm{B}}(\eta)\boldsymbol{\rho}'_{P}=N_{\rho'_P}+V_{\rho'_P} \tag{3-33}$$

式中：$N_{\rho'}$和 $V_{\rho'_P}$的形式分别为

$$\begin{aligned}N_{\rho'_P}=&\frac{1}{3}\eta[(\cos\alpha_0\langle\varphi|_0-\sin\alpha_0\langle\varphi|_0^{\perp})(\cos^2\alpha_0\langle\varphi|_0\langle\varphi|+\sin^2\alpha_0|\varphi\rangle_0^{\perp}\langle\varphi|)\\&(\cos\alpha_0|\varphi\rangle_0-\sin\alpha_0|\varphi\rangle_0^{\perp})]+\frac{2}{3}\eta[(\cos\alpha_1\langle\varphi|_1-\sin\alpha_1\langle\varphi|_1^{\perp})(\sin^2\alpha_1|\varphi\rangle_1\\&\langle\varphi|+\cos^2\alpha_1|\varphi\rangle_1^{\perp}\langle\varphi|)(\cos\alpha_1|\varphi\rangle_1-\sin\alpha_1|\varphi\rangle_1^{\perp})]\\=&\frac{1}{3}\eta(\cos^4\alpha_0+\sin^4\alpha_0)+\frac{2}{3}\eta(\cos^2\alpha_1\ \sin^2\alpha_1+\cos^2\alpha_1\ \sin^2\alpha_1)\\=&\frac{1}{3}\eta(\cos^4\alpha_0+\sin^4\alpha_0)+\frac{2}{3}\eta\cdot2\cos^2\alpha_1\sin^2\alpha_1\end{aligned}$$

和

$$\begin{aligned}V_{\rho'_P}=&\frac{1}{3}(1-\eta)[(\sin\alpha_0\langle\varphi|_0+\cos\alpha_0\langle\varphi|_0^{\perp})(\cos^2\alpha_0|\varphi\rangle_0\langle\varphi|+\sin^2\alpha_0|\varphi\rangle_0^{\perp}\langle\varphi|)\\&(\sin\alpha_0|\varphi\rangle_0+\cos\alpha_0|\varphi\rangle_0^{\perp})]+\frac{2}{3}(1-\eta)[(\sin\alpha_1\langle\varphi|_1+\cos\alpha_1\langle\varphi|_1^{\perp})\\&(\sin^2\alpha_1|\varphi\rangle_1\langle\varphi|+\cos^2\alpha_1|\varphi\rangle_1^{\perp}\langle\varphi|)(\sin\alpha_1|\varphi\rangle_1+\cos\alpha_1|\varphi\rangle_1^{\perp})]\\=&\frac{1}{3}(1-\eta)(\sin^2\alpha_0\ \cos^2\alpha_0+\sin^2\alpha_0\ \cos^2\alpha_0)+\frac{2}{3}(1-\eta)(\sin^4\alpha_1+\cos^4\alpha_1)\\=&\frac{1}{3}(1-\eta)\cdot2\sin^2\alpha_0\cos^2\alpha_0+\frac{2}{3}(1-\eta)(\sin^4\alpha_1+\cos^4\alpha_1)\end{aligned}$$

从而得到

$$\begin{aligned}P_{\mathrm{B}}&=S_{\mathrm{B}}(\eta)\boldsymbol{\rho}'_{\rho}\\&=\frac{1}{3}[\eta(\cos^4\alpha_0+\sin^4\alpha_0)+2(1-\eta)\sin^2\alpha_0\ \cos^2\alpha_0]\\&\quad+\frac{2}{3}[(1-\eta)(\sin^4\alpha_1+\cos^4\alpha_1)+2\eta\cos^2\alpha_1\ \sin^2\alpha_1]\end{aligned} \tag{3-34}$$

具体而言，Alice 所采用的量子测量的正交基式（3-28）和（3-29）中，可令 $\alpha_0=\alpha_1=\frac{\pi}{4}$；而 Bob 经典的选择中 $\eta=\frac{1}{2}$。这些取值代入式（3-34）中，可以给出

$$P_{\mathrm{B}}=\frac{1}{2} \tag{3-35}$$

即，Alice 对体系进行了合适的量子测量后，Bob 获胜的概率最终变为了二分之一，因为总概率是等于 1 的，从而表明 Alice 和 Bob 获胜的概率相等，对于博弈者双方而言均为一个公平的游戏。

二、消除硬币博弈中量子策略优越性的方案

以量子蒙特霍尔问题中的量子测量方案为依据，我们来讨论在量子硬币博弈模型中能否用同样的办法，使量子博弈的结果也变成公平的[44]。根据本章第一节的内容可知，经典的二人零和硬币博弈游戏中，最终博弈者双方获胜的概率是相等的；然而一旦某一个博弈者（比如 Bob）采用了量子策略，那么他获胜的概率可以达到百分之百，游戏不再公平。

当 Alice 发现 Bob 使用了量子策略，使得硬币体系的状态变为式（3-3）所示的 $\boldsymbol{G}_2$ 时，她可对此时的体系进行量子测量，需注意的是体系状态 $\boldsymbol{G}_2$ 可以记作

$$\boldsymbol{G}_2=\frac{1}{2}(|1\rangle\langle 1|+|1\rangle\langle 0|+|0\rangle\langle 1|+|0\rangle\langle 0|) \tag{3-36}$$

测量算符分别用 $\boldsymbol{M}_0$ 和 $\boldsymbol{M}_1$ 来表示，$\boldsymbol{M}_0$ 和 $\boldsymbol{M}_1$ 分别选为

$$\boldsymbol{M}_0=|0\rangle\langle 0|,\quad \boldsymbol{M}_1=|1\rangle\langle 1| \tag{3-37}$$

测量后的量子态可以由密度矩阵表示为

$$\boldsymbol{\rho}'_P=\sum \boldsymbol{M}_m\boldsymbol{\rho}\boldsymbol{M}_m^+=\frac{1}{2}(|0\rangle\langle 0|+|1\rangle\langle 1|) \tag{3-38}$$

一般意义下，对于态 $|0\rangle$ 和 $|1\rangle$，Alice 所采用的冯 · 诺依曼正交基分别是

$$\begin{cases}|\varphi\rangle_0=\cos\alpha_0|0\rangle+\sin\alpha_0|1\rangle\\|\varphi\rangle_0^{\perp}=-\sin\alpha_0|0\rangle+\cos\alpha_0|1\rangle\end{cases} \tag{3-39}$$

和

$$\begin{cases}|\varphi\rangle_1=\cos\alpha_1|0\rangle+\sin\alpha_1|1\rangle\\|\varphi\rangle_1^{\perp}=-\sin\alpha_1|0\rangle+\cos\alpha_1|1\rangle\end{cases} \tag{3-40}$$

式中：

$$0\leqslant\alpha_0,\ \alpha_1\leqslant\frac{\pi}{2} \tag{3-41}$$

体系态密度矩阵形式则为

$$\begin{aligned}\boldsymbol{\rho}'_P=&\frac{1}{2}(\cos^2\alpha_0\ |\varphi\rangle_0\langle\varphi|+\sin^2\alpha_0\ |\varphi\rangle_0^{\perp}\langle\varphi|)\\&+\frac{1}{2}(\cos^2\alpha_1\ |\varphi\rangle_1\langle\varphi|+\sin^2\alpha_1\ |\varphi\rangle_1^{\perp}\langle\varphi|)\end{aligned} \tag{3-42}$$

也就是说经历量子测量后，$\boldsymbol{G}_2$ 变为了$|0\rangle$和$|1\rangle$的经典迭加形式。根据量子硬币博弈，之后 Bob 采用量子策略，然而他所使用的任意幺正变换［$\boldsymbol{U}_2=\boldsymbol{U}_1^{0+}$ 或者 $\boldsymbol{U}_1^{1+}$，可参阅式（3-15）和（3-16）］都不会改变$\boldsymbol{\rho}'_P$，即

$$\boldsymbol{U}_2\boldsymbol{\rho}'_P\boldsymbol{U}_2^{+}=\frac{1}{\sqrt{2}}\begin{pmatrix}1 & 0\\ 0 & 1\end{pmatrix}=\frac{1}{2}(|0\rangle\langle 0|+|1\rangle\langle 1|)=\boldsymbol{\rho}'_P \tag{3-43}$$

这就表明，此后 Bob 不能再控制博弈游戏的胜负。

对体系进行量子测量后，Bob 的量子操作不再发挥作用，体系状态仍然保持在 Alice 测量后的状态，此时 Alice 再对硬币进行经典的摇动。如同蒙特霍尔问题，单纯摇动至$|0\rangle$和$|1\rangle$的纯策略可记作

$$N_\rho=\langle 0|\boldsymbol{\rho}|0\rangle,\qquad V_\rho=\langle 1|\boldsymbol{\rho}|1\rangle \tag{3-44}$$

而一般情况下的操作应为二者的迭加：

$$S_{\mathrm{B}}(\boldsymbol{\eta})=\boldsymbol{\eta}N+(1-\boldsymbol{\eta})V \tag{3-45}$$

式中：$\boldsymbol{\eta}$ 是单纯摇动至$|0\rangle$态纯策略的概率。按照之前的约定，如果最终硬币反面向上即最终体系状态为$|0\rangle$Alice 胜，否则 Alice 输，那么 Alice 获胜的概率为

$$P_{\mathrm{B}}=S_{\mathrm{B}}(\boldsymbol{\eta})\boldsymbol{\rho}'_P=N_{\rho'_P}+V_{\rho'_P} \tag{3-46}$$

根据一般意义的冯·诺依曼正交基式（3-39）和（3-40），可以得到

$$N_{\rho'_P}=\frac{1}{2}\boldsymbol{\eta}(\cos^4\alpha_0+\sin^4\alpha_0)+\frac{1}{2}\boldsymbol{\eta}\times 2\cos^2\alpha_1\sin^2\alpha_1 \tag{3-47}$$

和

$$V_{\rho'_P}=\frac{1}{2}(1-\boldsymbol{\eta})\times 2\sin^2\alpha_0\cos^2\alpha_0+\frac{1}{2}(1-\boldsymbol{\eta})\times(\sin^4\alpha_1+\cos^4\alpha_1) \tag{3-48}$$

代入式（3-45）和（3-46），得到

$$\begin{aligned}P_{\mathrm{B}}=&\frac{1}{2}[\boldsymbol{\eta}(\cos^4\alpha_0+\sin^4\alpha_0)+2(1-\boldsymbol{\eta})\sin^2\alpha_0\cos^2\alpha_0]\\&+\frac{1}{2}[(1-\boldsymbol{\eta})(\sin^4\alpha_1+\cos^4\alpha_1)+2\boldsymbol{\eta}\cos^2\alpha_1\sin^2\alpha_1]\end{aligned} \tag{3-49}$$

选择 $\alpha_0=\alpha_1=\dfrac{\pi}{4}$，可以发现，无论 $\boldsymbol{\eta}$ 取什么值，都有

$$P_{\mathrm{B}}=\frac{1}{2} \tag{3-50}$$

即 Alice 获胜的概率为二分之一，考虑到总概率等于 1，从而得出 Bob 获胜的概率与 Alice 一样，也为二分之一。表明，一旦发现 Bob 采用量子策略后，Alice 可以对量子策略后的体系进行一个量子测量，使得本由 Bob 所控制的游戏，重新回归公平。

第三节 量子逻辑非门

量子图灵机等效于一个量子逻辑线路，因而量子计算机可视作由许许多多的量子逻辑门构成。量子逻辑门是对量子信息进行处理的基本单元，是量子信息存储、计算、传输的理论根基，而量子逻辑非门则是最为基础的量子逻辑门之一，它是量子逻辑功能研究的重要基础，更为复杂的逻辑门往往可以在量子非门的基础上构造而得到。这里我们将介绍我们前期的研究[43]，引入如何利用单硬币量子博弈理论，为量子逻辑非门的实现提供一套可行的理论方案。

一、经典非门

在经典计算机中，信息可以通过二进制的 0 和 1 进行传输和处理，其中 0 和 1 表示两类状态而非普通的数字，往往可将其称为逻辑值。在经典计算机的布尔计算中，二进制的 1 代表“真（True）”，0 代表“假（False）”。经典非门的逻辑操作是指，当输入为真时，输出为假；输入为假时，输出为真，逻辑运算记作

$$\bar{0}=1, \quad \bar{1}=0 \tag{3-51}$$

具体可用真值表 3-2 表示如下。

表 3-2 经典非门的真值表

输入	输出
1	0
0	1

这表明，经典的非门使输入的二进制数变为相反值。

二、量子逻辑非门

根据经典非门的逻辑运算，结合量子信息处理的具体要求，可以定义出量子逻辑非门。对应于经典的二进制数代表经典的比特，在量子信息领域，可以用二进制的状态 $|0\rangle$ 和 $|1\rangle$ 表示量子比特，那么可以定义量子非门所实现的逻辑功能就是：输入为 $|0\rangle$，输出为 $|1\rangle$；输入为 $|1\rangle$，输出为 $|0\rangle$，逻辑运算

记作

$$\overline{|0\rangle}=|1\rangle,\qquad \overline{|1\rangle}=|0\rangle \tag{3-52}$$

真值表见表 3-3。

表 3-3　量子非门的真值表

输入	输出
$\|1\rangle$	$\|0\rangle$
$\|0\rangle$	$\|1\rangle$

三、利用量子博弈实现量子非门的理论方案

定义了量子非门后，我们这里讨论如何利用量子博弈实现量子逻辑非门。这里制作的量子硬币初态与输入态相同，末态与输出态相同，则根据量子博弈理论，可以将量子硬币作为量子非门，实现量子逻辑非的功能，下面给出这种量子非门的物理机制。

以量子非门的定义及相关的讨论为依据，利用量子硬币实现量子逻辑非功能，我们需要做的是使量子硬币的初始态转变成其相反的形式，即，使量子信息的$|0\rangle$变成$|1\rangle$，$|1\rangle$变成$|0\rangle$：

（1）当输入比特是$|1\rangle$时，在自身表象下，其矩阵形式为

$$|1\rangle=\begin{pmatrix}1\\0\end{pmatrix} \tag{3-53}$$

相应的密度矩阵为

$$\boldsymbol{\rho}=|1\rangle\langle 1|=\begin{pmatrix}1 & 0\\0 & 0\end{pmatrix} \tag{3-54}$$

根据上述分析可以知道，硬币的态应该与此输入信息相同，也就是说，硬币的初始状态为

$$\boldsymbol{\rho}_0=\boldsymbol{\rho}=\begin{pmatrix}1 & 0\\0 & 0\end{pmatrix} \tag{3-55}$$

利用量子硬币博弈理论，如果我们采用一个幺正变换 $\boldsymbol{U}_1=\boldsymbol{U}_1^1$［$\boldsymbol{U}_1^1$ 的形式由式（3-12）决定］，则硬币的密度矩阵变为

$$\boldsymbol{\rho}_1=\boldsymbol{U}_1\boldsymbol{\rho}_0\boldsymbol{U}_1^{+}=\frac{1}{2}\begin{pmatrix}1 & 1\\1 & 1\end{pmatrix}=\boldsymbol{G}_2 \tag{3-56}$$

由于经典的操作不会改变这个密度矩阵，从而表明经典的噪声不会影响整个系统。然后仅仅利用一个合适的幺正变换矩阵 $\boldsymbol{U}_2^0=\boldsymbol{U}_1^{0+}$［$\boldsymbol{U}_1^{0+}$ 的形式由式

(3-15) 决定]，就可以得到量子非门所需要的末态 $|0\rangle$ 所对应的密度矩阵，即

$$\boldsymbol{\rho}_2 = \boldsymbol{U}_2^0 \boldsymbol{\rho}_0 \boldsymbol{U}_2^{0+} = \begin{pmatrix} 0 & 0 \\ 0 & 1 \end{pmatrix} = |0\rangle\langle 0| \tag{3-57}$$

(2) 对于输入比特是 $|0\rangle$ 时，硬币的状态与其相同，自身表象的矩阵形式为

$$|0\rangle = \begin{pmatrix} 0 \\ 1 \end{pmatrix} \tag{3-58}$$

硬币状态的密度矩阵为

$$\boldsymbol{\rho}_0 = |0\rangle\langle 0| = \begin{pmatrix} 0 & 0 \\ 0 & 1 \end{pmatrix} \tag{3-59}$$

此种情况下量子非门的逻辑功能即为使 $|0\rangle$ 变为 $|1\rangle$，可以借助上面使 $|1\rangle$ 变为 $|0\rangle$ 相类似的量子博弈手段来实现。首先，用一个幺正变换矩阵 $\boldsymbol{U}_1 = \boldsymbol{U}_1^0$ [$\boldsymbol{U}_1^0$ 的形式由式 (3-11) 决定]，将体系态密度矩阵由 $\boldsymbol{\rho}_0$ 变为 $\boldsymbol{\rho}_1 = \boldsymbol{G}_2$，

$$\boldsymbol{\rho}_1 = \boldsymbol{U}_1 \boldsymbol{\rho}_0 \boldsymbol{U}_1^+ = \frac{1}{2}\begin{pmatrix} 1 & 1 \\ 1 & 1 \end{pmatrix} = \boldsymbol{G}_2 \tag{3-60}$$

同样地，此过程中经典的噪声也不会影响整个系统。然后我们根据量子非门的要求，可利用另一个相应的幺正变换矩阵 $\boldsymbol{U}_2^1 = \boldsymbol{U}_1^{1+}$ [$\boldsymbol{U}_1^{1+}$ 的形式由式 (3-16) 决定]，使 $\boldsymbol{\rho}_1$ 变为 $\boldsymbol{\rho}_2$，即

$$\boldsymbol{\rho}_2 = \boldsymbol{U}_2^1 \boldsymbol{\rho}_0 \boldsymbol{U}_2^{1+} = \begin{pmatrix} 1 & 0 \\ 0 & 0 \end{pmatrix} = |1\rangle\langle 1| \tag{3-61}$$

这就表明对于输入态 $|0\rangle$，同样可以实现量子逻辑非门的运算，使其变为 $|1\rangle$。

为了更加具体化，利用量子硬币博弈理论来实现量子逻辑非门的具体过程，可通过表 3-4 来体现，其中初态和末态是针对量子硬币而言的。从表 3-4 中，可以直接清晰地看出如何在理论上通过量子博弈来实现量子非门的逻辑功能。

表 3-4 量子非门的实现过程

输入	初态	$\boldsymbol{\rho}_0$	$\boldsymbol{U}_1$	$\boldsymbol{\rho}_1 = \boldsymbol{U}_1\boldsymbol{\rho}_0\boldsymbol{U}_1^+$	$\boldsymbol{U}_2$	$\boldsymbol{\rho}_2 = \boldsymbol{U}_2\boldsymbol{\rho}_0\boldsymbol{U}_2^+$	末态	输出
$\|1\rangle$	$\|1\rangle$	$\begin{pmatrix} 1 & 0 \\ 0 & 0 \end{pmatrix}$	$\boldsymbol{U}_1^1$	$\frac{1}{2}\begin{pmatrix} 1 & 1 \\ 1 & 1 \end{pmatrix}$	$\boldsymbol{U}_2^0$	$\begin{pmatrix} 0 & 0 \\ 0 & 1 \end{pmatrix}$	$\|0\rangle$	$\|0\rangle$
$\|0\rangle$	$\|0\rangle$	$\begin{pmatrix} 0 & 0 \\ 0 & 1 \end{pmatrix}$	$\boldsymbol{U}_1^0$	$\frac{1}{2}\begin{pmatrix} 1 & 1 \\ 1 & 1 \end{pmatrix}$	$\boldsymbol{U}_2^1$	$\begin{pmatrix} 1 & 0 \\ 0 & 0 \end{pmatrix}$	$\|1\rangle$	$\|1\rangle$

关于量子非门的实现，需要注意以下两点：

(1) 根据第二章有关量子逻辑门的讨论，可知幺正性是量子逻辑门的唯一要求，从而可断定任何满足幺正性的矩阵都能表征一个量子逻辑门，反过来说，起到量子逻辑作用的门必须是幺正性的；此外，由量子力学理论可知：在一个孤立的量子体系中，对态的操作应该是幺正的、可逆的。这就表明，我们所提出的实现量子非门的量子硬币博弈方案必须满足上述两个条件。由于硬币量子博弈理论中，使硬币态密度矩阵发生变化的正是幺正变换，且是对态进行的具体操作，天生满足幺正性和可逆性，因此这里利用量子硬币所构造的量子非门是满足这两个要求的。

(2) 在利用量子硬币博弈实现量子非门的过程中，所做的两次幺正变换都是作用于密度矩阵的，可见密度矩阵在其中起着举足轻重的作用。第一次幺正变换作用的是初态密度矩阵，第二次幺正变换作用的则是构造的密度矩阵 $\boldsymbol{G}_2$，最终得到的是末态密度矩阵 $\boldsymbol{\rho}_2$。虽然量子逻辑非门是作用于态密度矩阵的，但输入与输出的却都是量子态，这样，与量子态相对应的态密度矩阵在其中起到了纽带的作用。$\boldsymbol{G}_2$ 是两次幺正变换的关键，因为 $\boldsymbol{\rho}_0$ 有两种可能的情况，分别对应于状态 $|0\rangle$ 和 $|1\rangle$，无论是哪个态的密度矩阵，只要初态已知，就可以根据初态的形式，选择合适的幺正变换作用于 $\boldsymbol{\rho}_0$，使其转变为 $\boldsymbol{G}_2$。由于经典的干扰不会改变 $\boldsymbol{G}_2$ 的形式，因而可以确定出选择什么样的幺正变换作用，最终使输出的量子比特符合量子逻辑非门的输出结果。

总之，这里提出了用量子硬币博弈理论来实现量子非门的逻辑功能，实验上能够实现硬币模型量子博弈的方案，均可用于实现量子逻辑非门。可以合理设想，该理论方案能够向其他量子逻辑门进行推广，事实上我们也研究了这些方面的工作，本章其他节次我们将会给读者逐渐呈现。

第四节　量子与门

在经典计算机领域，逻辑与运算是基础的逻辑运算之一，在计算机的计算与运行中起着至关重要的作用；在量子计算机中，量子与门同样具有非常重要的地位，第三节根据量子硬币博弈理论实现量子非门的研究，本节讨论如何利用量子博弈理论，实现量子与门[33]。

一、经典与门

如第三节所述，经典计算机中用二进制数 0 和 1 进行逻辑运算，和非门单比特输入单比特输出的运算不同，与逻辑运算是两比特输入单比特输出的形式，具体的操作是指，输入的两个比特均为 1 时，输出为 1；输入的比特只要有一个是 0，那么输出即为 0。与运算的运算符为“·”，运算规则是

$$\begin{cases} 0\cdot 0=0, \\ 0\cdot 1=0, \\ 1\cdot 0=0, \\ 1\cdot 1=1 \end{cases} \tag{3-62}$$

其真值表见表 3-5。

表 3-5　经典与门的真值表

输入 1	输入 2	输出
0	0	0
0	1	0
1	0	0
1	1	1

二、量子与门

为了科学合理地定义量子与门，首先做一个规定：

$$|0\rangle|0\rangle\rightarrow|\underline{0}\rangle,\quad |1\rangle|1\rangle\rightarrow|\underline{1}\rangle \tag{3-63}$$

在此情形下，量子与门的输入与输出之间的关系用真值表可以表示为（见表 3-6）：

表 3-6　量子与门的真值表

输入 1	输入 2	输出
$\|0\rangle$	$\|0\rangle$	$\|\underline{0}\rangle$
$\|0\rangle$	$\|1\rangle$	$\|\underline{0}\rangle$
$\|1\rangle$	$\|0\rangle$	$\|\underline{0}\rangle$
$\|1\rangle$	$\|1\rangle$	$\|\underline{1}\rangle$

三、利用量子博弈实现量子与门

在量子博弈理论中，对于单个硬币而言，采用量子策略可以随心所欲地控

制游戏的胜负，借助这一特点，可运用这种量子手段来实现量子逻辑与门。联系两个可分辨硬币的量子博弈过程，实现量子逻辑与功能的基本思想就是，将两量子硬币系统作为一个量子与门，对输入量子与门的各个信号单独进行量子操作，使输出信号满足真值表（表 3-6）的要求，也就是说，当输入信号为 $|0\rangle$ 和 $|1\rangle$、$|1\rangle$ 和 $|0\rangle$ 以及 $|0\rangle$ 和 $|0\rangle$ 时，通过量子博弈过程使信号 $|1\rangle$ 转变为 $|0\rangle$，$|0\rangle$ 不变，从而使得最终信号输出为 $|\underline{0}\rangle$；当输入信号为 $|1\rangle$ 和 $|1\rangle$ 时，通过博弈过程的量子策略，使输出信号为 $|\underline{1}\rangle$。

具体过程可分为以下几种情形来实现：

（1）当输入信号为 $|0\rangle$ 和 $|0\rangle$ 时，根据两硬币量子博弈理论，此时输入信号的初态密度矩阵为

$$\boldsymbol{\rho}_0=\begin{pmatrix}0&0&0&0\\0&0&0&0\\0&0&0&0\\0&0&0&1\end{pmatrix}\tag{3-64}$$

量子与门的目的是将输入信号 $|0\rangle|0\rangle$ 变为输出的 $|\underline{0}\rangle$，用量子幺正变换使其保持原态，即：

$$\boldsymbol{S}_0\boldsymbol{\rho}_0\boldsymbol{S}_0^+=\boldsymbol{\rho}_1=\boldsymbol{G}_{2\times2}\tag{3-65}$$

式中：

$$\boldsymbol{\rho}_2=(1-\sum_{j=1}^{23}p_j)\boldsymbol{F}_4^0\boldsymbol{\rho}_1\boldsymbol{F}_4^{0+}+\sum_{j=1}^{23}p_j\boldsymbol{F}_4^j\boldsymbol{\rho}_1\boldsymbol{F}_4^{j+}=\boldsymbol{\rho}_1\tag{3-66}$$

即，经典的干扰不会改变体系的状态。再进行式（3-65）所示的逆变换，则有

$$\boldsymbol{\rho}_3=\boldsymbol{S}_0^+\boldsymbol{G}_{2\times2}\boldsymbol{S}_0=\begin{pmatrix}0&0&0&0\\0&0&0&0\\0&0&0&0\\0&0&0&1\end{pmatrix}\rightarrow|0\rangle|0\rangle=|\underline{0}\rangle\tag{3-67}$$

（2）当量子与门的输入信号分别为 $|0\rangle$ 和 $|1\rangle$ 时，两硬币体系的初态密度矩阵为

$$\boldsymbol{\rho}_0=\begin{pmatrix}0&0&0&0\\0&0&0&0\\0&0&1&0\\0&0&0&0\end{pmatrix}\tag{3-68}$$

根据量子博弈要求，对其进行量子操作：

$$\boldsymbol{S}_1\boldsymbol{\rho}_0\boldsymbol{S}_1^+=\boldsymbol{\rho}_1=\boldsymbol{G}_{2\times2}\tag{3-69}$$

同样地，经典的干扰也不会改变 $\boldsymbol{G}_{2\times2}$，从而有

$$\boldsymbol{\rho}_2 = (1 - \sum_{j=1}^{23} p_j)\boldsymbol{F}_4^0\boldsymbol{\rho}_1\boldsymbol{F}_4^{0+} + \sum_{j=1}^{23} p_j\boldsymbol{F}_4^j\boldsymbol{\rho}_1 F_4^{j+} = \boldsymbol{\rho}_1 \tag{3-70}$$

进行式（3-65）所示的逆变换，可以得到符合量子与门逻辑操作的最终结果：

$$\boldsymbol{\rho}_3 = \boldsymbol{S}_0^+\boldsymbol{G}_{2\times2}\boldsymbol{S}_0 = \begin{pmatrix} 0 & 0 & 0 & 0 \\ 0 & 0 & 0 & 0 \\ 0 & 0 & 0 & 0 \\ 0 & 0 & 0 & 1 \end{pmatrix} \rightarrow |0\rangle\,|0\rangle = |\underline{0}\rangle \tag{3-71}$$

（3）当输入信号为$|1\rangle$和$|0\rangle$时，体系的初态密度矩阵为

$$\boldsymbol{\rho}_0 = \begin{pmatrix} 0 & 0 & 0 & 0 \\ 0 & 1 & 0 & 0 \\ 0 & 0 & 0 & 0 \\ 0 & 0 & 0 & 0 \end{pmatrix} \tag{3-72}$$

对其量子操作（幺正变换）：

$$\boldsymbol{S}_2\boldsymbol{\rho}_0\boldsymbol{S}_2^+ = \boldsymbol{\rho}_1 = \boldsymbol{G}_{2\times2} \tag{3-73}$$

同理，经典的干扰也不会改变$\boldsymbol{G}_{2\times2}$：

$$\boldsymbol{\rho}_2 = (1 - \sum_{j=1}^{23} p_j)\boldsymbol{F}_4^0\boldsymbol{\rho}_1\boldsymbol{F}_4^{0+} + \sum_{j=1}^{23} p_j\boldsymbol{F}_4^j\boldsymbol{\rho}_1\boldsymbol{F}_4^{j+} = \boldsymbol{\rho}_1 \tag{3-74}$$

再进行幺正变换：

$$\boldsymbol{\rho}_3 = \boldsymbol{S}_0^+\boldsymbol{G}_{2\times2}\boldsymbol{S}_0 = \begin{pmatrix} 0 & 0 & 0 & 0 \\ 0 & 0 & 0 & 0 \\ 0 & 0 & 0 & 0 \\ 0 & 0 & 0 & 1 \end{pmatrix} \rightarrow |0\rangle\,|0\rangle = |\underline{0}\rangle \tag{3-75}$$

此即符合量子与门的输出结果。

（4）当输入信号为$|1\rangle$和$|1\rangle$时，硬币体系初态密度矩阵

$$\boldsymbol{\rho}_0 = \begin{pmatrix} 1 & 0 & 0 & 0 \\ 0 & 0 & 0 & 0 \\ 0 & 0 & 0 & 0 \\ 0 & 0 & 0 & 0 \end{pmatrix} \tag{3-76}$$

进行量子操作：

$$\boldsymbol{S}_3\boldsymbol{\rho}_0\boldsymbol{S}_3^+ = \boldsymbol{\rho}_1 = \boldsymbol{G}_{2\times2} \tag{3-77}$$

此时在经典干扰下，体系状态仍然不变：

$$\boldsymbol{\rho}_2 = (1 - \sum_{j=1}^{23} p_j)\boldsymbol{F}_4^0\boldsymbol{\rho}_1\boldsymbol{F}_4^{0+} + \sum_{j=1}^{23} p_j\boldsymbol{F}_4^j\boldsymbol{\rho}_1\boldsymbol{F}_4^{j+} = \boldsymbol{\rho}_1 \tag{3-78}$$

为了得到符合量子与门输出要求的信号，这里再次进行幺正变换的矩阵与上面

三种情形不同：

$$\boldsymbol{\rho}_3=\boldsymbol{S}_1\boldsymbol{G}_4\boldsymbol{S}_1^+=\begin{pmatrix}0&0&0&0\\0&0&0&0\\0&0&1&0\\0&0&0&0\end{pmatrix}\rightarrow|+\rangle|+\rangle=|\underline{1}\rangle \tag{3-79}$$

在上述四个情形下进行量子操作时，幺正变换 $\boldsymbol{S}_0$，$\boldsymbol{S}_1$，$\boldsymbol{S}_2$ 和 $\boldsymbol{S}_3$ 的形式由式（3-19）所决定。可以看出上述四种量子操作的过程，即为实现量子逻辑与门的过程，用表 3-7 表述如下。

表 3-7 量子与门的实现过程

输入 1	输入 2	初态 $\boldsymbol{\rho}_0$	$\boldsymbol{U}_1$	$\boldsymbol{\rho}_1$	$\boldsymbol{\rho}_2$	$\boldsymbol{U}_2$	末态 $\boldsymbol{\rho}_3$	输出
$\|0\rangle$	$\|0\rangle$	$\boldsymbol{a}$	$\boldsymbol{S}_0$	$\boldsymbol{G}_4$	$\boldsymbol{G}_4$	$\boldsymbol{S}_0$	$\|0\rangle\|0\rangle$	$\|\underline{0}\rangle$
$\|0\rangle$	$\|1\rangle$	$\boldsymbol{b}$	$\boldsymbol{S}_1$	$\boldsymbol{G}_4$		$\boldsymbol{S}_0$	$\|0\rangle\|0\rangle$	$\|\underline{0}\rangle$
$\|1\rangle$	$\|0\rangle$	$\boldsymbol{c}$	$\boldsymbol{S}_2$	$\boldsymbol{G}_4$		$\boldsymbol{S}_0$	$\|0\rangle\|0\rangle$	$\|\underline{0}\rangle$
$\|1\rangle$	$\|1\rangle$	$\boldsymbol{d}$	$\boldsymbol{S}_3$	$\boldsymbol{G}_4$		$\boldsymbol{S}_1$	$\|1\rangle\|1\rangle$	$\|\underline{1}\rangle$

这里的 $\boldsymbol{a}$，$\boldsymbol{b}$，$\boldsymbol{c}$ 和 $\boldsymbol{d}$ 分别代指四个密度矩阵，其形式分别为

$$\begin{cases}\boldsymbol{a}=\begin{pmatrix}0&0&0&0\\0&0&0&0\\0&0&0&0\\0&0&0&1\end{pmatrix},\\ \boldsymbol{b}=\begin{pmatrix}0&0&0&0\\0&0&0&0\\0&0&1&0\\0&0&0&0\end{pmatrix},\\ \boldsymbol{c}=\begin{pmatrix}0&0&0&0\\0&1&0&0\\0&0&0&0\\0&0&0&0\end{pmatrix},\\ \boldsymbol{d}=\begin{pmatrix}1&0&0&0\\0&0&0&0\\0&0&0&0\\0&0&0&0\end{pmatrix}\end{cases} \tag{3-80}$$

小结：

（1）对于初态 $\boldsymbol{\rho}_0$，不论其为 $\boldsymbol{a}$，$\boldsymbol{b}$，$\boldsymbol{c}$ 和 $\boldsymbol{d}$ 中的哪一个，首先通过幺正变换使其变为密度矩阵 $\boldsymbol{\rho}_1=\boldsymbol{G}_{2\times2}$；

（2）在量子操作的过程中，不论外界的经典环境怎样，都不会改变信号的量子态，密度矩阵$\boldsymbol{\rho}_2=\boldsymbol{G}_{2\times2}$，显然由于该特点，利用量子硬币理论实现量子与门的理论方案具有较好的抗经典干扰能力；

（3）对于$\boldsymbol{\rho}_2$再采用幺正变换$\boldsymbol{U}_2$，使其变为符合量子逻辑与门的结果，即当输入信号为$|0\rangle$和$|0\rangle$、$|0\rangle$和$|1\rangle$以及$|1\rangle$和$|0\rangle$时，输出信号恒为$|\underline{0}\rangle$；当输入信号为$|1\rangle$和$|1\rangle$时，输出信号为$|\underline{1}\rangle$。

第五节　量子或门

量子或门作为量子逻辑门的一个分支，对于量子计算机理论而言具有非常重要的基础作用，这一节通过与经典或门相比较，定义出量子逻辑或门。在量子博弈理论中，采用量子策略的博弈者能够控制博弈最终结果，利用这一结论，提出两套在量子系统中实现量子或门的理论方案：方案一利用单量子硬币博弈理论把量子或门看作两个独立的量子硬币；方案二则是利用两量子硬币博弈模型来实现量子或门。

一、经典计算机中的逻辑或门

在经典计算机中，或逻辑运算是这样一种运算：在决定事件结果的诸条件中，只要其中任何一条件具备，结果就会产生，只有当所有条件都不具备时，结果才不会产生。经典计算机的或逻辑运算规则常用常量与常量之间的运算定律表示，采用二进制的0和1作为信息进行编码，则经典或门的逻辑运算可表示为

$$\begin{cases}0+0=0,\\0+1=1\\1+0=1,\\1+1=1\end{cases}\tag{3-81}$$

其真值表见表3-8。

表3-8　经典或门的真值表

输入1	输入2	输出
0	0	0
0	1	1

续表

输入 1	输入 2	输出
1	0	1
1	1	1

二、量子逻辑或门

与量子与门相类似，在定义量子或门之前，首先规定：

$$|1\rangle|1\rangle \rightarrow |\underline{1}\rangle, \qquad |0\rangle|0\rangle \rightarrow |\underline{0}\rangle \tag{3-82}$$

考虑到量子计算机中，信息是用量子二进制的比特$|0\rangle$和$|1\rangle$来表示的，因而可与经典逻辑或门的运算功能式（3–81）相类比，给出量子或门的定义：当输入的量子比特为$|0\rangle$和$|0\rangle$时，量子或门逻辑运算后的输出结果是$|\underline{0}\rangle$；当输入量子比特分别为$|0\rangle$和$|1\rangle$、$|1\rangle$和$|0\rangle$以及$|1\rangle$和$|1\rangle$时，输出的量子比特均为$|\underline{1}\rangle$，即量子或门的真值表形式见表 3–9。

表 3–9　量子或门的真值表

输入 1	输入 2	输出
$\|0\rangle$	$\|0\rangle$	$\|\underline{0}\rangle$
$\|0\rangle$	$\|1\rangle$	$\|\underline{1}\rangle$
$\|1\rangle$	$\|0\rangle$	$\|\underline{1}\rangle$
$\|1\rangle$	$\|1\rangle$	$\|\underline{1}\rangle$

三、量子或门的实现过程

根据二人量子硬币博弈理论中，量子策略的采取者可以控制博弈最终的结果，这里提出两套实现量子或门的理论方案。

（一）两独立单量子硬币方案

两独立单量子硬币方案是指，将两个可区分的独立量子硬币构成的系统作为量子或门，每个硬币单独进行量子博弈，每个比特对每个硬币进行输入，输入的量子比特即为量子硬币的初始状态。具体而言，各种输入情形下的逻辑运算可以分别讨论如下：

（1）当输入比特为$|1\rangle$和$|1\rangle$时，每个硬币的初始状态都是$|1\rangle$，硬币体系状态为$|1\rangle|1\rangle$。首先根据单个量子硬币博弈游戏的基本结果可知，对于初

态中的第一个硬币的状态 $|1\rangle=\begin{pmatrix}1\\0\end{pmatrix}$，相应的密度矩阵为

$$\boldsymbol{\rho}_1=|1\rangle\langle 1|=\begin{pmatrix}1&0\\0&0\end{pmatrix} \tag{3-83}$$

量子或门用两次量子幺正对角化矩阵 $\boldsymbol{U}_1^1$，$\boldsymbol{U}_1^{1+}$ 对 $\boldsymbol{\rho}_1$ 作用，两次幺正变换分别是

$$\boldsymbol{U}_1^1\boldsymbol{\rho}_1\boldsymbol{U}_1^{1+}=\boldsymbol{G}_2,\quad \boldsymbol{U}_1^{1+}\boldsymbol{G}_2\boldsymbol{U}_1^1=\boldsymbol{\rho}_1 \tag{3-84}$$

这时又得到末态 $|1\rangle$；对于第二个硬币的状态 $|1\rangle$，由与第一个 $|1\rangle$ 相同的幺正变换过程，经量子或门后结果也为 $|1\rangle$。这就表明，输入比特为 $|1\rangle$ 和 $|1\rangle$ 时，两个硬币初态均为 $|1\rangle$，作为量子或门其输出比特仍为 $|1\rangle|1\rangle$，$|1\rangle|1\rangle$ 定义为 $|\underline{1}\rangle$，符合量子或门逻辑运算输出的要求。

（2）如果输入比特分别为 $|0\rangle$ 和 $|0\rangle$，作为量子或门的两个独立硬币的初态都是 $|0\rangle$，硬币体系状态为 $|0\rangle|0\rangle$。对于初态中的第一个 $|0\rangle=\begin{pmatrix}0\\1\end{pmatrix}$，相应的态密度为

$$\boldsymbol{\rho}_2=|0\rangle\langle 0|=\begin{pmatrix}0&0\\0&1\end{pmatrix} \tag{3-85}$$

量子或门用两个量子幺正变换矩阵 $\boldsymbol{U}_1^0$，$\boldsymbol{U}_1^{0+}$ 分别对 $\boldsymbol{\rho}_2$ 作用，两次幺正变换的具体作用分别为

$$\boldsymbol{U}_1^0\boldsymbol{\rho}_2\boldsymbol{U}_1^{0+}=\boldsymbol{G}_2,\quad \boldsymbol{U}_1^{0+}\boldsymbol{G}_2\boldsymbol{U}_1^0=\boldsymbol{\rho}_2 \tag{3-86}$$

很明显，态密度矩阵 $\boldsymbol{\rho}_2$ 对应于 $|0\rangle$ 态，即 $|0\rangle$ 经量子或门后仍为 $|0\rangle$；利用同样的方式对第二个量子硬币进行作用，可以得到量子或门也可使它的初态 $|0\rangle$ 作用后仍然为 $|0\rangle$。因此 $|0\rangle$ 和 $|0\rangle$ 经量子或门后仍为 $|0\rangle$ 和 $|0\rangle$，即量子或门的输出比特为 $|0\rangle|0\rangle$，根据式（3-82）的规定，对于输入比特 $|0\rangle$ 和 $|0\rangle$，$|0\rangle|0\rangle\to|\underline{0}\rangle$，两个独立的硬币系统同样实现了量子或门的逻辑运算。

（3）至于输入比特是 $|0\rangle$ 和 $|1\rangle$，或者 $|1\rangle$ 和 $|0\rangle$ 时，量子或门的两个独立硬币体系的状态分别为 $|0\rangle|1\rangle$ 或 $|1\rangle|0\rangle$，这样的输入态也可利用量子硬币博弈实现量子或门的逻辑运算。不管输入是 $|0\rangle$ 和 $|1\rangle$，还是 $|1\rangle$ 和 $|0\rangle$，无论哪个硬币处在初态 $|0\rangle=\begin{pmatrix}0\\1\end{pmatrix}$ 上，硬币的态密度矩阵都是

$$\boldsymbol{\rho}_2=|0\rangle\langle 0|=\begin{pmatrix}0&0\\0&1\end{pmatrix} \tag{3-87}$$

量子或门都可利用幺正矩阵 $\boldsymbol{U}_1^0$ 作用于量子硬币，即

$$\boldsymbol{U}_1^0\boldsymbol{\rho}_2\boldsymbol{U}_1^{0+}=\boldsymbol{G}_2 \tag{3-88}$$

再次利用幺正矩阵 $\boldsymbol{U}_1^{1+}$ 对该硬币进行作用，则可得出

$$\boldsymbol{U}_1^{1+}\boldsymbol{G}_2\boldsymbol{U}_1^1=\boldsymbol{\rho}_1=\begin{pmatrix}1 & 0\\ 0 & 0\end{pmatrix} \tag{3-89}$$

$\boldsymbol{\rho}_1$ 是量子态 $|1\rangle$ 的密度矩阵。即，$|0\rangle$ 反转为 $|1\rangle$。对于处于初态处于 $|1\rangle$ 的任意硬币而言，幺正变换 $\boldsymbol{U}_1^1$ 对其作用，即

$$\boldsymbol{U}_1^1\boldsymbol{\rho}_1\boldsymbol{U}_1^{1+}=\boldsymbol{G}_2 \tag{3-90}$$

$\boldsymbol{U}_1^{1+}$ 再次作用，即

$$\boldsymbol{U}_1^{1+}\boldsymbol{G}_2\boldsymbol{U}_1^1=\boldsymbol{\rho}_1 \tag{3-91}$$

最终输出状态仍为 $|1\rangle$。整体而言，如果输入分别为 $|0\rangle$ 和 $|1\rangle$ 或者 $|1\rangle$ 和 $|0\rangle$，经量子或门后，$|0\rangle$ 反转为 $|1\rangle$，$|1\rangle$ 仍为 $|1\rangle$，即两个硬币体系的状态为 $|1\rangle|1\rangle$，根据规定 $|1\rangle|1\rangle\to|\underline{1}\rangle$，此即实现了量子或门运算。

根据上述各种可能的输入比特，两个硬币构成的量子或门的逻辑运算可以总结为以下两点。

（1）本方案中，由于量子或门的作用，每个量子硬币的初态，或者不变，或者变为与初态相反的态，状态的变化可以表示为

$$\begin{cases}|1\rangle|1\rangle\xrightarrow{\text{量子或门}}|1\rangle|1\rangle,\\ |0\rangle|0\rangle\xrightarrow{\text{量子或门}}|0\rangle|0\rangle,\\ |0\rangle|1\rangle\xrightarrow{\text{量子或门}}|1\rangle|1\rangle,\\ |1\rangle|0\rangle\xrightarrow{\text{量子或门}}|1\rangle|1\rangle\end{cases} \tag{3-92}$$

可以得知，若两硬币初态相同，均为 $|1\rangle$ 或 $|0\rangle$ 时，在量子或门的作用下末态与初态相同；如果两硬币初态不同，即分别为 $|0\rangle$ 和 $|1\rangle$ 或 $|1\rangle$ 和 $|0\rangle$ 时，量子或门的作用是使 $|1\rangle$ 保持不变，而使 $|0\rangle$ 变为 $|1\rangle$，最终得到的结果为 $|1\rangle|1\rangle$。考虑到开始的规定 $|1\rangle|1\rangle\to|\underline{1}\rangle$ 和 $|0\rangle|0\rangle\to|\underline{0}\rangle$，并结合量子或门的逻辑运算要求，可知这就是量子或门最终应该得到的输出态。整个逻辑运算过程可简化地表示为

$$\begin{cases}|1\rangle|1\rangle\to|1\rangle|1\rangle\to|\underline{1}\rangle,\\ |0\rangle|0\rangle\to|0\rangle|0\rangle\to|\underline{0}\rangle\\ |1\rangle|0\rangle\to|1\rangle|1\rangle\to|\underline{1}\rangle,\\ |0\rangle|1\rangle\to|1\rangle|1\rangle\to|\underline{1}\rangle\end{cases} \tag{3-93}$$

（2）量子计算机中逻辑门一定对应于某种幺正变换，我们这里的量子或门对输入初态中的两个硬币分别进行了两个确定的幺正变换，得到符合量子或

门定义的输出态，使得量子或门得以实现。

（二）两量子硬币整体方案

由于两硬币体系可以视作由两独立单量子硬币构成的，因而从物理本质上来讲，两量子硬币整体方案本质与两独立单量子硬币方案是相同的，但将两硬币体系视作整体更能体现量子操作的完整性。具体而言，两量子硬币实现量子或门的整体方案如下。

（1）将两个硬币构成的整个硬币体系作为量子逻辑或门，或门的输入即为两硬币的初态。当输入比特为$|1\rangle$和$|1\rangle$时，两硬币初态为$|1\rangle|1\rangle$，由两量子硬币博弈理论可知此种情形下，硬币体系的密度矩阵为$\boldsymbol{\Lambda}_3$，如式（3-20）所示；量子或门先用幺正矩阵$\boldsymbol{S}_3$［式（3-19）所示］作用于整体硬币体系，即

$$\boldsymbol{S}_3\boldsymbol{\Lambda}_3\boldsymbol{S}_3^+=\boldsymbol{G}_{2\times2} \tag{3-94}$$

再次利用幺正矩阵$\boldsymbol{S}_3^+$作用，即

$$\boldsymbol{S}_3^+\boldsymbol{G}_{2\times2}\boldsymbol{S}_3=\boldsymbol{\Lambda}_3 \tag{3-95}$$

得到了硬币体系的状态为$|1\rangle|1\rangle$，根据规定式（3-82），$|1\rangle|1\rangle\rightarrow|\underline{1}\rangle$，即为实现了量子逻辑或运算。

（2）输入比特为$|0\rangle$和$|0\rangle$时，硬币体系状态为$|0\rangle|0\rangle$，密度矩阵为式（3-20）中的$\boldsymbol{\Lambda}_0$，量子或门先后两次分别用$\boldsymbol{S}_0$和$\boldsymbol{S}_0^+$［式（3-19）所示］对体系进行作用，即

$$\boldsymbol{S}_0\boldsymbol{\Lambda}_0\boldsymbol{S}_0^+=\boldsymbol{G}_{2\times2},\qquad \boldsymbol{S}_0^+\boldsymbol{G}_{2\times2}\boldsymbol{S}_0=\boldsymbol{\Lambda}_0 \tag{3-96}$$

从而得到硬币体系状态$|0\rangle|0\rangle$，此即根据量子或门得到最终输出结果$|\underline{0}\rangle$。

（3）输入分别为$|1\rangle$和$|0\rangle$与$|0\rangle$和$|1\rangle$时，硬币体系整体状态分别为$|1\rangle|0\rangle$和$|0\rangle|1\rangle$，密度矩阵分别为式（3-20）所示的$\boldsymbol{\Lambda}_2$和$\boldsymbol{\Lambda}_1$。对于$\boldsymbol{\Lambda}_2$和$\boldsymbol{\Lambda}_1$，第一次的量子幺正变换矩阵分别为$\boldsymbol{S}_2$和$\boldsymbol{S}_1$，从而使得体系态密度矩阵均可变为$\boldsymbol{G}_{2\times2}$。根据前面的规定以及量子或门的要求，再次利用幺正变换矩阵$\boldsymbol{S}_3^+$，即可得出与（1）相同的结果。这里，$\boldsymbol{S}_1$，$\boldsymbol{S}_2$和$\boldsymbol{S}_3$都由式（3-19）所决定。

（4）本方案中，$|1\rangle|1\rangle$、$|0\rangle|0\rangle$、$|1\rangle|0\rangle$和$|0\rangle|1\rangle$是两量子硬币体系的四个独立状态，都有各自对应的幺正变换矩阵。在量子或门实现的过程中，无论硬币体系初始状态是这四个中的哪一个，最终都通过相应的幺正变换矩阵将其变为了$\boldsymbol{G}_{2\times2}$，并再次根据需要利用$\boldsymbol{S}_3^+$或者$\boldsymbol{S}_0^+$，最终获得符合量子逻辑或门要求的末态，其过程可表示为

$$\begin{cases} |1\rangle|1\rangle \to |1\rangle|1\rangle \to |\underline{1}\rangle, \\ |0\rangle|0\rangle \to |0\rangle|0\rangle \to |\underline{0}\rangle \\ |1\rangle|0\rangle \to |1\rangle|1\rangle \to |\underline{1}\rangle, \\ |0\rangle|1\rangle \to |1\rangle|1\rangle \to |\underline{1}\rangle \end{cases} \tag{3-97}$$

总而言之，无论是利用两独立单量子硬币方案还是两量子硬币整体方案，均可实现量子或门的逻辑运算。需要说明的是，根据量子博弈理论，在两种方案实现量子或门实现的过程中，一旦体系态密度矩阵转变为了 $\boldsymbol{G}_2$ 或者 $\boldsymbol{G}_{2\times2}$，经典的扰动将不会改变这个密度矩阵的形式，从而表明，利用量子硬币博弈理论实现量子或门也具有较好的抗经典干扰的能力。

第六节　量子同或门

本节我们将以经典同或门的逻辑关系为依据，研究给出量子同或门的定义；并进一步利用单硬币量子博弈模型，引入实现量子同或逻辑关系的理论方案，将量子逻辑位与经典逻辑位进行对比，给出具体操作方法：利用两相互独立的单硬币量子博弈过程实现量子同或逻辑功能[39]。

一、经典同或门

经典计算机被描述为一种对输入信号序列按一定算法进行变换的机器，这种算法通过计算机的内部逻辑电路来实现。经典计算机的输入态和输出态都为经典信号，其内部的每一步交换都是将正交态演化为正交态。在经典的数字逻辑电路中，我们用 1 位二进制数码 0 或 1 表示一件事物的两种不同逻辑状态，而不表示数值大小，称为逻辑值，一个经典数据位（bit）只能取 0 和 1 中的一个。

同或是这样一种逻辑关系：当 A，B 输入的逻辑值相同时，输出 Y 为 1，而当 A，B 输入不同时，输出 Y 为 0。同或逻辑计算符号往往用“⊙”表示，则同或运算为

$$\begin{cases} 0\odot 0=1, \\ 0\odot 1=0 \\ 1\odot 0=0, \\ 1\odot 1=1 \end{cases} \tag{3-98}$$

其真值表见表 3-10。

表 3-10　经典或门的真值表

输入 1	输入 2	输出
0	0	1
0	1	0
1	0	0
1	1	1

二、量子同或门的定义

量子计算机不同于经典计算机，其交换为所有可能的幺正变换，在得到输出态之后，量子计算机还要对输出态进行一定的测量并给出计算结果。在定义量子同或门之前，我们仍然先做这样一个规定：

$$|1\rangle|1\rangle\to|\underline{1}\rangle，|0\rangle|0\rangle\to|\underline{0}\rangle \tag{3-99}$$

结合经典同或门的逻辑运算，量子同或门可定义为进行如下量子逻辑转换：

$$\begin{cases} |0\rangle|0\rangle\to|\underline{1}\rangle, \\ |0\rangle|1\rangle\to|\underline{0}\rangle \\ |1\rangle|0\rangle\to|\underline{0}\rangle, \\ |1\rangle|1\rangle\to|\underline{1}\rangle \end{cases} \tag{3-100}$$

真值表如表 3-11 所示。

表 3-11　量子同或门的真值表

输入 1	输入 2	输出
$\|0\rangle$	$\|0\rangle$	$\|\underline{1}\rangle$
$\|0\rangle$	$\|1\rangle$	$\|\underline{0}\rangle$
$\|1\rangle$	$\|0\rangle$	$\|\underline{0}\rangle$
$\|1\rangle$	$\|1\rangle$	$\|\underline{1}\rangle$

三、量子同或门的实现过程

量子同或门的实现过程和两个相互独立的量子硬币博弈有相类似的地方，所以可以运用两个相互独立的单量子硬币博弈中相应的量子幺正操作来实现量子同或门。为利用两个独立的单硬币量子博弈模型实现量子同或逻辑功能，可将两个比特的量子信息用两个独立的量子硬币状态来实现，对于每一个硬币而言，如同前面的形式，正面向上记为$|1\rangle$，反部向上记作$|0\rangle$。

(1) 当输入信号比特为$|1\rangle$和$|1\rangle$时，两硬币体系的状态记作$|1\rangle|1\rangle$，表明此时两个独立的单硬币所处的初态均为$|1\rangle$，在自身表象中，$|1\rangle=\begin{pmatrix}1\\0\end{pmatrix}$。因为两个硬币是独立的，所以可以分别进行讨论，第一个硬币的密度矩阵为

$$\boldsymbol{\rho}_1=|1\rangle\langle 1|=\begin{pmatrix}1&0\\0&0\end{pmatrix} \tag{3-101}$$

经过量子同或门时，量子幺正矩阵$\boldsymbol{U}_1^1$对其作用，即

$$\boldsymbol{U}_1^1\boldsymbol{\rho}_1\boldsymbol{U}_1^{1+}=\boldsymbol{G}_2=\frac{1}{2}\begin{pmatrix}1&1\\1&1\end{pmatrix} \tag{3-102}$$

根据量子博弈理论，此时经典操作不会改变$\boldsymbol{G}_2$的形式。之后$\boldsymbol{U}_1^{1+}$对$\boldsymbol{G}_2$作用，即

$$\boldsymbol{U}_1^{1+}\boldsymbol{G}_2\boldsymbol{U}_1^1=\boldsymbol{\rho}_1=\begin{pmatrix}1&0\\0&0\end{pmatrix} \tag{3-103}$$

那么末态仍为$|1\rangle$。第二个硬币的初态亦为$|1\rangle$，经过量子同或门时，也令其经历与第一个硬币完全相同的量子操作，其结果也同样为$|1\rangle$。对于整个输入信号来讲，输出信号为$|1\rangle|1\rangle$，根据式（3-99）可知，整个变换过程满足量子同或逻辑变换的要求。注：这里的$\boldsymbol{U}_1^1$由式（3-12）所决定

(2) 当输入信号比特为$|0\rangle$和$|0\rangle$时，硬币体系状态为$|0\rangle|0\rangle$。第一个硬币的初态$|0\rangle=\begin{pmatrix}0\\1\end{pmatrix}$，所对应的态密度矩阵为

$$\boldsymbol{\rho}_2=|0\rangle\langle 0|=\begin{pmatrix}0&0\\0&1\end{pmatrix} \tag{3-104}$$

量子同或门先用量子幺正矩阵$\boldsymbol{U}_1^0$对第一个硬币作用，即

$$\boldsymbol{U}_1^0\boldsymbol{\rho}_2\boldsymbol{U}_1^{0+}=\boldsymbol{G}_2=\frac{1}{2}\begin{pmatrix}1&1\\1&1\end{pmatrix} \tag{3-105}$$

同样，经典的扰动也不会影响密度矩阵$\boldsymbol{G}_2$的形式；再用对角化矩阵$\boldsymbol{U}_1^{1+}$作用于该硬币，即

$$U_1^{1+}G_2U_1^1=\rho_1=\begin{pmatrix}1&0\\0&0\end{pmatrix} \tag{3-106}$$

此时$|0\rangle$经过量子同或门操作后变为$|1\rangle$。第二个硬币的初态$|0\rangle$经历量子同或门后，进行同样的变换后也将变为$|1\rangle$。因此，经过量子同或门后最终体系的状态为$|1\rangle|1\rangle$，亦即输出信号为$|\underline{1}\rangle$，从而实现了量子同或逻辑功能。

(3) 当输入信号分别为$|0\rangle$和$|1\rangle$或者$|1\rangle$和$|0\rangle$时，硬币体系初态为$|0\rangle|1\rangle$或$|1\rangle|0\rangle$。同样可利用两个单量子硬币博弈理论实现量子同或逻辑运算。初态为$|0\rangle=\begin{pmatrix}0\\1\end{pmatrix}$的单量子硬币密度矩阵为

$$\rho_{i2}=|0\rangle\langle 0|=\begin{pmatrix}0&0\\0&1\end{pmatrix} \tag{3-107}$$

式中：i代表硬币的标号。经过量子同或门时，幺正矩阵U_1^0首先作用，即

$$U_1^0\rho_{i2}U_1^{0+}=G_2=\frac{1}{2}\begin{pmatrix}1&1\\1&1\end{pmatrix} \tag{3-108}$$

然后幺正矩阵U_1^{0+}再对硬币作用，即

$$U_1^{0+}G_2U_1^0=\rho_2=\begin{pmatrix}0&0\\0&1\end{pmatrix} \tag{3-109}$$

此时，$|0\rangle$态经过量子同或门操作后，仍然为$|0\rangle$态。而对于初态为$|1\rangle$的量子硬币而言，其密度矩阵为

$$\rho_{i1}=|1\rangle\langle 1|=\begin{pmatrix}1&0\\0&0\end{pmatrix} \tag{3-110}$$

量子同或门首先利用幺正矩阵U_1^1将硬币状态转化为G_2；然后再将幺正矩阵U_1^{0+}作用于ρ_{i1}，从而将该硬币的初态$|1\rangle$变为$|0\rangle$。这样，硬币体系状态$|0\rangle|1\rangle$或$|1\rangle|0\rangle$经过量子同或门后均变为了$|0\rangle|0\rangle$，输出信号即为$|\underline{0}\rangle$，从而实现了量子同或逻辑变换$|0\rangle|1\rangle\rightarrow|\underline{0}\rangle$或$|1\rangle|0\rangle\rightarrow|\underline{0}\rangle$。

(4) 根据 (1)、(2) 和 (3) 分情况讨论可以知道，输入信息为两个比特时，每个比特信息均可由一个单量子硬币的初始状态来充当，量子同或门的逻辑操作即可以视作两个单量子硬币分别进行了两个相应的幺正变换，进而得到符合量子同或逻辑运算定义的输出态，量子同或门从而得以实现，即

$$|1\rangle|1\rangle\rightarrow|\underline{1}\rangle,\ |0\rangle|0\rangle\rightarrow|\underline{1}\rangle|0\rangle|1\rangle\rightarrow|\underline{0}\rangle,\ |1\rangle|0\rangle\rightarrow|\underline{0}\rangle \tag{3-111}$$

本节内容我们以经典同或门的逻辑功能为依据，引入了量子同或门的定义。在此基础上进一步采取相应的量子幺正变换，从量子博弈角度为实现量子同或门提供了合理可行的理论方案。随着各国物理学家不断加入量子信息领域的研究中，以及在量子信息研究上不断获得突破，量子计算机的真正应用只是一个时间问题，人类对于进入量子信息技术时代的梦想肯定能够实现。

第七节　量子异或门

与其他量子逻辑门一样，量子异或门也是量子计算机中的基本逻辑门之一，可以操控多输入数位对于输出的逻辑关系，因而从理论上研究量子异或门的实现是实现量子计算机必须要攻克的课题之一。本节内容结合量子硬币博弈和量子逻辑门领域的相关理论，引入实现量子异或门的可行理论方案。首先，根据经典计算机中异或门的逻辑功能，定义出量子逻辑异或门；其次利用量子博弈理论为量子异或门的实现提供两套可行的理论方案：两独立单量子硬币方案和两量子硬币整体方案[30,36]。

一、经典异或门

对于用二进制数码 0 和 1 表示一个事物的两种不同逻辑状态的经典计算机而言，异或是这样一种逻辑关系：当输入比特 A 和 B 不同时，输出 Y 为 1；而当 A 和 B 相同时，输出 Y 为 0。其真值表如表 3-12 所示。

表 3-12　经典异或门真值表

输入 1	输入 2	输出
0	0	0
0	1	1
1	0	1
1	1	0

二、量子异或门

与前面几种逻辑门的研究方式类似，在定义量子异或门之前，我们首先做一个规定：

$$|0\rangle|0\rangle\equiv|\underline{0}\rangle,\ |1\rangle|1\rangle\equiv|\underline{1}\rangle \tag{3-112}$$

因而，在经典异或运算的基础上，量子异或门就是要实现：

$$|0\rangle|0\rangle\to|\underline{0}\rangle,\ |0\rangle|1\rangle\to|\underline{1}\rangle,\ |1\rangle|0\rangle\to|\underline{1}\rangle,\ |1\rangle|1\rangle\to|\underline{0}\rangle \tag{3-113}$$

式中：箭头表示量子异或逻辑操作。其真值表如表 3-13 所示。

表 3-13　量子异或门的真值表

输入 1	输入 2	输出
$\|0\rangle$	$\|0\rangle$	$\|\underline{0}\rangle$
$\|0\rangle$	$\|1\rangle$	$\|\underline{1}\rangle$
$\|1\rangle$	$\|0\rangle$	$\|\underline{1}\rangle$
$\|1\rangle$	$\|1\rangle$	$\|\underline{0}\rangle$

三、量子异或门的理论实现

异或门的数位信息与量子硬币博弈有类似之处，因此可以用量子硬币博弈游戏中的幺正操作来实现量子异或门，具体而言，可用以下两种理论方案来实现量子异或门。

（一）两独立单量子硬币方案

由于量子异或门的输入信息是由两输入比特所组成的，因而可以将该逻辑功能与两个单硬币所组成的硬币系统进行类比，利用单量子硬币博弈理论实现量子异或逻辑功能。在此只需将两个单硬币组合起来即可，其中硬币正面向上的态记作$|1\rangle$，反面向上的态记作$|0\rangle$。

（1）当输入信号为$|1\rangle|1\rangle$时，分开进行考虑，对于初态中的第一个$|1\rangle$可视作第一个硬币正面向上的状态，其密度矩阵为$\boldsymbol{\rho}_{11}=|1\rangle\langle 1|=\begin{pmatrix}1 & 0\\ 0 & 0\end{pmatrix}$，根据单硬币量子博弈，幺正操作$\boldsymbol{U}_1^1$可使$\boldsymbol{\rho}_{11}$转变为$\boldsymbol{G}_2=\dfrac{1}{2}\begin{pmatrix}1 & 1\\ 1 & 1\end{pmatrix}$，而$\boldsymbol{U}_1^{0+}$则可使$\boldsymbol{G}_2$转变为末态$|0\rangle$。对于第二个$|1\rangle$，可比拟为第二个硬币正面向上的状态，采用与第一个硬币相同的变换过程，得到同样的结果$|0\rangle$。这样即可实现$|1\rangle|1\rangle\to|0\rangle|0\rangle\equiv|\underline{0}\rangle$的逻辑转换，符合量子异或门对输入信息$|1\rangle|1\rangle$的操作要求。

（2）当输入信息为$|0\rangle|0\rangle$时，初态第一个硬币状态为$|0\rangle$，态密度矩阵为$\boldsymbol{\rho}_{01}=\begin{pmatrix}0 & 0\\ 0 & 1\end{pmatrix}$，根据单硬币量子博弈理论，两次量子操作$\boldsymbol{U}_1^0$和$\boldsymbol{U}_1^{0+}$可以分别实现$\boldsymbol{U}_1^0\boldsymbol{\rho}_{01}\boldsymbol{U}_1^{0+}=\boldsymbol{G}_2$、$\boldsymbol{U}_1^{0+}\boldsymbol{G}_2\boldsymbol{U}_1^0=\boldsymbol{\rho}_{01}=|0\rangle\langle 0|$，即最终结果为末态$|0\rangle$。同理，相同的幺正操作可使第二个硬币态$|0\rangle$的结果也为$|0\rangle$，从而实现$|0\rangle|0\rangle\to|0\rangle|0\rangle\equiv|\underline{0}\rangle$量子异或门逻辑功能。

(3) 当输入量子比特为$|0\rangle|1\rangle$或$|1\rangle|0\rangle$所表征的量子信息时，同样可利用量子硬币博弈来实现量子异或逻辑操作。初态中第一个硬币为$|0\rangle$或$|1\rangle$时，根据量子博弈理论，可分别用量子幺正算符$\boldsymbol{U}_1^0$或$\boldsymbol{U}_1^1$，将其密度矩阵幺正化为$\boldsymbol{G}_2$，而为了获得量子异或逻辑功能的最终结果，利用$\boldsymbol{U}_1^{1+}$可使$\boldsymbol{G}_2$转变为所需要的末态$|1\rangle$对应的密度矩阵。对于第二个硬币的$|1\rangle$或$|0\rangle$，则可分别利用$\boldsymbol{U}_1^1$或$\boldsymbol{U}_1^0$将其转变为$\boldsymbol{G}_2$，并再次利用幺正算符$\boldsymbol{U}_1^{1+}$将其转变为末态$|1\rangle$。最终实现$|0\rangle|1\rangle\rightarrow|1\rangle|1\rangle\equiv|\underline{1}\rangle$或$|1\rangle|0\rangle\rightarrow|1\rangle|1\rangle\equiv|\underline{1}\rangle$的量子异或逻辑功能。

从上述过程可以看出，四个表示量子异或门输入信息的量子态$|1\rangle|1\rangle$、$|0\rangle|0\rangle$、$|1\rangle|0\rangle$和$|0\rangle|1\rangle$可视作由处于不同状态的两个单硬币组成的，进而利用单硬币量子博弈理论对输入信息分开考虑，并对不同的初态选择合适的量子操作$\boldsymbol{U}_1^0$和$\boldsymbol{U}_1^1$，使每个硬币的密度矩阵最终都转变为$\boldsymbol{G}_2$，由于$\boldsymbol{G}_2$不会因为经典的摇动而改变，继而可以再次使用量子操作$\boldsymbol{U}_1^{0+}$和$\boldsymbol{U}_1^{1+}$实现如表3-13所示的量子异或门逻辑功能。

（二）两量子硬币整体方案

在量子博弈理论中，还可以将两个独立的量子硬币所构成的体系视作一个整体体系，因而可以把两量子硬币体系直接应用于量子异或门实现量子异或功能。这里两硬币整体体系可能状态的密度矩阵分别为

$$\begin{cases}\boldsymbol{\Lambda}_3=\begin{pmatrix}1&0&0&0\\0&0&0&0\\0&0&0&0\\0&0&0&0\end{pmatrix},\\ \boldsymbol{\Lambda}_2=\begin{pmatrix}0&0&0&0\\0&1&0&0\\0&0&0&0\\0&0&0&0\end{pmatrix},\\ \boldsymbol{\Lambda}_1=\begin{pmatrix}0&0&0&0\\0&0&0&0\\0&0&1&0\\0&0&0&0\end{pmatrix},\\ \boldsymbol{\Lambda}_0=\begin{pmatrix}0&0&0&0\\0&0&0&0\\0&0&0&0\\0&0&0&1\end{pmatrix}\end{cases} \tag{3-114}$$

量子博弈过程中相应的幺正矩阵分别为

$$
\begin{cases}
\boldsymbol{S}_3=\dfrac{1}{2}\begin{pmatrix}1&1&1&1\\1&1&-1&-1\\1&-1&1&-1\\1&-1&-1&1\end{pmatrix},\\
\boldsymbol{S}_2=\dfrac{1}{2}\begin{pmatrix}1&1&1&1\\-1&1&1&-1\\-1&1&-1&1\\1&1&-1&-1\end{pmatrix},\\
\boldsymbol{S}_1=\dfrac{1}{2}\begin{pmatrix}1&1&1&1\\-1&-1&1&1\\1&-1&1&-1\\-1&1&1&-1\end{pmatrix},\\
\boldsymbol{S}_0=\dfrac{1}{2}\begin{pmatrix}1&1&1&1\\1&-1&-1&1\\-1&1&-1&1\\-1&-1&1&1\end{pmatrix}
\end{cases}
\tag{3-115}
$$

则用两量子硬币整体方案实现量子异或门的具体过程如下所示：

（1）当输入信息为$|1\rangle|1\rangle$时，两量子硬币体系的密度矩阵为$\boldsymbol{\Lambda}_3$，量子异或门先用幺正矩阵$\boldsymbol{S}_3$作用于$\boldsymbol{\Lambda}_3$，即$\boldsymbol{S}_3\boldsymbol{\Lambda}_3\boldsymbol{S}_3^+=\boldsymbol{G}_{2\times2}$；由于经典扰动不会改变$\boldsymbol{G}_{2\times2}$，可再次利用幺正矩阵$\boldsymbol{S}_0^+$作用于$\boldsymbol{G}_{2\times2}$，即$\boldsymbol{S}_0^+\boldsymbol{G}_{2\times2}\boldsymbol{S}_0=\boldsymbol{\Lambda}_0$，$\boldsymbol{\Lambda}_0$是$|0\rangle|0\rangle$的密度矩阵，符合量子异或门定义的输出结果$|\underline{0}\rangle$。

（2）当输入信息为$|0\rangle|0\rangle$时，硬币体系的密度矩阵为$\boldsymbol{\Lambda}_0$，与上述（1）的情况类似，量子异或门先利用幺正矩阵$\boldsymbol{S}_0$作用于$\boldsymbol{\Lambda}_0$，得到不受经典扰动影响的$\boldsymbol{G}_{2\times2}$，然后再次将幺正矩阵$\boldsymbol{S}_0^+$作用于$\boldsymbol{G}_{2\times2}$，即$\boldsymbol{S}_0\boldsymbol{\Lambda}_0\boldsymbol{S}_0^+=\boldsymbol{G}_{2\times2}$，$\boldsymbol{S}_0^+\boldsymbol{G}_{2\times2}\boldsymbol{S}_0=\boldsymbol{\Lambda}_0$。体系输出信息$\boldsymbol{\Lambda}_0$对应于$|0\rangle|0\rangle$态，从而得到符合量子异或门逻辑关系的输出结果$|\underline{0}\rangle$。

（3）当输入信息为$|1\rangle|0\rangle$或$|0\rangle|1\rangle$时，两硬币密度矩阵分别为$\boldsymbol{\Lambda}_2$或$\boldsymbol{\Lambda}_1$，量子异或门先采用幺正矩阵$\boldsymbol{S}_2$或$\boldsymbol{S}_1$分别作用于$\boldsymbol{\Lambda}_2$或$\boldsymbol{\Lambda}_1$，得到密度矩阵$\boldsymbol{G}_{2\times2}$，这里的$\boldsymbol{G}_{2\times2}$同样不受经典扰动的影响。对于这两种情况，量子异或门都可采用幺正矩阵$\boldsymbol{S}_3^+$作用于$\boldsymbol{G}_{2\times2}$，即$\boldsymbol{S}_3^+\boldsymbol{G}_{2\times2}\boldsymbol{S}_3=\boldsymbol{\Lambda}_3$，由于最终输出状态的密度矩阵$\boldsymbol{\Lambda}_3$对应于态$|1\rangle|1\rangle$，即量子异或门的输出为$|\underline{1}\rangle$。

（4）在本方案中，四个表示量子信息的量子态$|1\rangle|1\rangle$，$|0\rangle|0\rangle$，

$|1\rangle|0\rangle$和$|0\rangle|1\rangle$是相互独立的，其密度矩阵分别通过幺正算符 $\boldsymbol{S}_3$，$\boldsymbol{S}_2$，$\boldsymbol{S}_1$ 和 $\boldsymbol{S}_0$ 转变为密度矩阵 $\boldsymbol{G}_{2\times2}$，由于 $\boldsymbol{G}_{2\times2}$不会因为经典的摇动而改变，所以可以再次使用量子操作 $\boldsymbol{S}_3^+$ 和 $\boldsymbol{S}_0^+$ 实现量子异或逻辑功能。

量子异或门的具体实现过程可用表格 3-14 表示如下。

表 3-14　量子异或门的实现过程

输入信息	$\boldsymbol{\rho}_0$	$\boldsymbol{U}_1$	$\boldsymbol{\rho}_1=\boldsymbol{U}_1\boldsymbol{\rho}_0\boldsymbol{U}_1^+$	$\boldsymbol{\rho}_2$	$\boldsymbol{U}_2$	$\boldsymbol{\rho}_3=\boldsymbol{U}_2\boldsymbol{\rho}_2\boldsymbol{U}_2^+$	输出信息
$\|3\rangle=\|1\rangle\|1\rangle$	$\boldsymbol{A}_3$	$\boldsymbol{S}_3$	$\boldsymbol{G}_{2\times2}$	$\boldsymbol{G}_{2\times2}$	$\boldsymbol{S}_0^+$	$\boldsymbol{A}_0$	$\|0\rangle=\|0\rangle\|0\rangle$
$\|2\rangle=\|1\rangle\|0\rangle$	$\boldsymbol{A}_2$	$\boldsymbol{S}_2$	$\boldsymbol{G}_{2\times2}$	$\boldsymbol{G}_{2\times2}$	$\boldsymbol{S}_1^+$	$\boldsymbol{A}_3$	$\|3\rangle=\|1\rangle\|1\rangle$
$\|1\rangle=\|0\rangle\|1\rangle$	$\boldsymbol{A}_1$	$\boldsymbol{S}_1$	$\boldsymbol{G}_{2\times2}$	$\boldsymbol{G}_{2\times2}$	$\boldsymbol{S}_1^+$	$\boldsymbol{A}_3$	$\|3\rangle=\|1\rangle\|1\rangle$
$\|0\rangle=\|0\rangle\|0\rangle$	$\boldsymbol{A}_0$	$\boldsymbol{S}_0$	$\boldsymbol{G}_{2\times2}$	$\boldsymbol{G}_{2\times2}$	$\boldsymbol{S}_0^+$	$\boldsymbol{A}_0$	$\|0\rangle=\|0\rangle\|0\rangle$

三、实现量子异或门的实验设计

由于电子自旋具有的本征态数目与硬币的可能状态数均为两个，因而可以借助两相互独立的电子自旋系统来充当单量子硬币从而实现量子异或门。在实现量子信息传输的诸多方案中，具有经过修正的 Heisenberg-XX 哈密顿模型的自旋链是一种独具优势的方案，其哈密顿具体形式为

$$H_{\mathrm{G}}=\sum_{n=0}^{N-1}J_{n,\ n+1}(\boldsymbol{\sigma}_n^x\boldsymbol{\sigma}_{n+1}^x+\boldsymbol{\sigma}_n^y\boldsymbol{\sigma}_{n+1}^y) \tag{3-116}$$

式中：$J_{n,n+1}=\sqrt{n(N-n)}$表示第 n 个和第 $n+1$ 个格子的耦合强度。参考两独立单量子硬币方案，可以在自旋链的末端设置两个独立的电子自旋系统，进而实现对传输来的两态信息进行量子异或门操作。由于这里设置的是两相互独立的量子硬币，所以仅对其中一个进行分析，两硬币的情形是单硬币情形的直接累加。

如图 3-1 所示，建立如右所示坐标系，最左端表征量子信息的自旋态可以通过自旋链向右传输，直至传输至最右端，最右端格点的电子自旋作为量子硬币。

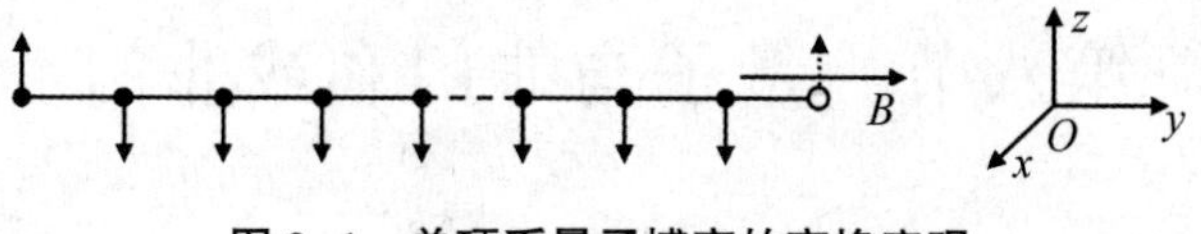

图 3-1　单硬币量子博弈的变换实现

表征量子信息的自旋态分别有两种情形$|1\rangle$或$|0\rangle$，即密度矩阵分别为$\boldsymbol{\rho}_{11}=|1\rangle\langle1|$或$\boldsymbol{\rho}_{01}=|0\rangle\langle0|$。下一章的内容将会告诉我们，根据该模型自旋链的

完美传输理论，信息的传输完全取决于体系的动力学演化，只要保证传输时间 $t=\frac{\pi}{\lambda}$，信息即可全部的传输到最右端。当传输至最右端后，给最右端格点加上一沿 y 方向的磁场 $\boldsymbol{B}$，经历时间 t 后，在演化算符 $e^{-i\frac{\hat{H}}{\hbar}t}=e^{i\frac{\mu_0 B\hat{S}_y}{\hbar}t}$ 的作用下，这两种情况时右端格点的自旋态分别为

$$|\psi(t)\rangle=\begin{pmatrix}\cos\frac{\mu_0 B}{2}t\\ -\sin\frac{\mu_0 B}{2}t\end{pmatrix} \text{或} |\psi(t)\rangle=\begin{pmatrix}\sin\frac{\mu_0 B}{2}t\\ \cos\frac{\mu_0 B}{2}t\end{pmatrix} \tag{3-117}$$

式中：μ_0 是电子自旋的回转磁比率。当时间 t 分别取

$$t_1=\frac{3\pi}{2\mu_0 B}+\frac{2n\pi}{\mu_0 B} \text{或} t_0=\frac{\pi}{2\mu_0 B}+\frac{2n\pi}{\mu_0 B}\ (n\text{ 为不小于 0 的整数}) \tag{3-118}$$

时，体系的密度矩阵变为 $\boldsymbol{\rho}_2=\boldsymbol{G}_2$，表明上述磁场作用 t_1 或 t_0 时间后撤去，即是分别对 $\boldsymbol{\rho}_1=|1\rangle\langle 1|$ 或 $\boldsymbol{\rho}_1=|0\rangle\langle 0|$ 起到了 $\boldsymbol{U}_1^1$ 或 $\boldsymbol{U}_1^0$ 的作用。

对于 $\boldsymbol{\rho}_2=\boldsymbol{G}_2$ 而言，经典的扰动不会改变最右端格点处电子自旋的状态，为了满足量子异或门的要求，需要控制单硬币最终的状态，此时只需给最右端格点处加上一个沿 $-y$ 方向同等大小的磁场，作用 t_1 时间后撤去即可得到 $\boldsymbol{\rho}_1=|1\rangle\langle 1|$，作用 t_0 时间后撤去即可得到 $\boldsymbol{\rho}_1=|0\rangle\langle 0|$，这里反方向同大小的磁场分别给最右端格点作用 t_1 或 t_0 时间，即是起到了得到两种末态的幺正变换矩阵的作用。

量子逻辑门是量子计算机的基本元件，量子逻辑功能的实现完全基于量子力学的基本原理。本节基于量子硬币博弈理论，通过相关的幺正变换实现了量子异或逻辑功能，为量子异或门的实现提供了较为可行的理论方案。在所采取的方案中，根据量子博弈理论，经典摇动不会改变量子操作的结果，因而表明这里的方案可以很好地避免经典扰动的影响。

第八节　量子与非门和或非门

本节内容主要是利用对量子硬币的不同量子操控，从而分别实现量子与非和量子或非逻辑功能，引入量子硬币博弈模型实现量子与非门和量子或非门的

理论方案，从而完善量子计算中的量子逻辑功能。具体来讲，当两输入端信息相同时，可将量子与非门或者量子或非门视作两个独立的量子硬币，且实现这两种量子逻辑功能的量子操作相同；若两输入端信息不同，则两量子门都可视作由两硬币整体体系构成，从而分别利用不同的量子操作来实现量子与非门和量子或非门；在这套方案中，由于量子博弈的整个过程不受经典操作的影响，因而具有很强的抗经典干扰能力[31]。

一、经典与非门和或非门

从理论上来讲，量子计算机能够实现经典计算机的所有功能，不同之处在于性能、效率和安全性等方面，量子计算机具有经典计算机无可比拟的优势，因而实现基本的与非和或非逻辑功能，是量子计算机的关键任务之一。经典计算机中的与非和或非的逻辑功能为：当输入两端均为高电平 1 时，与非的输出为 0，或非的输出为 0；输入两端一个为高电平 1 一个为低电平 0 时，与非的输出为 1，或非的输出为 0；输入两端均为低电平 0 时，与非的输出为 1，或非的输出为 1。两种逻辑门的真值表如表 3-15 所示。

表 3-15 经典与非门和或非门的真值表

A	B	Y_{NAND}	Y_{NOR}
1	1	0	0
1	0	1	0
0	1	1	0
0	0	1	1

表 3-15 中，A 和 B 分别代表两个输入端的逻辑值，Y_{NAND} 和 Y_{NOR} 分别表示对应的与非门和或非门的输出逻辑值。

二、量子与非门和或非门

如前所述，在量子计算机中，表示量子比特的不再是经典的二进制数 1 和 0，而是二维希尔伯特空间中的两个量子态 $|1\rangle$ 和 $|0\rangle$，因而量子逻辑电路中，输入的信息是代表量子比特的 $|1\rangle$ 和 $|0\rangle$。为了引入量子与非门和或非门的逻辑功能，这里首先引入定义：

$$|0\rangle|0\rangle \equiv |\underline{0}\rangle, \quad |1\rangle|1\rangle \equiv |\underline{1}\rangle \tag{3-119}$$

携带二比特量子信息的量子态可以是如下几种形式：$|1\rangle$ 和 $|1\rangle$、$|0\rangle$ 和 $|0\rangle$ 以及归一化的 $\alpha|0\rangle|1\rangle+\beta|1\rangle|0\rangle$，相应地，实现量子与非和或非功能的真值表

如表 3-16 所示。

表 3-16　量子与非门和或非门的真值表

A	B	Y_{NAND}	Y_{NOR}
$\|1\rangle$	$\|1\rangle$	$\|\underline{0}\rangle$	$\|\underline{0}\rangle$
$\alpha\|0\rangle\|1\rangle+\beta\|1\rangle\|0\rangle$（已归一化）		$\|\underline{1}\rangle$	$\|\underline{0}\rangle$
$\|0\rangle$	$\|0\rangle$	$\|\underline{1}\rangle$	$\|\underline{1}\rangle$

三、利用量子博弈实现量子与非门和或非门

量子与非功能和或非功能均为输入两个量子比特，输出要求是某种特定的量子状态，其中每个逻辑单元输入的均为二维单体量子体系中的一个状态。与单硬币量子博弈理论相比较，可以发现量子硬币也是二维量子体系，量子博弈的整个过程则是对该状态变化的操控，且在操控的过程中，不会受到经典干扰的影响，因而可以利用两个单硬币模型的量子博弈来实现量子与非和或非门。利用单硬币量子博弈实现量子与非和或非功能时，同样将硬币正面向上的状态标记为$|1\rangle$，反面向上的状态标记为$|0\rangle$。

参考表 3-16，利用两个单硬币量子博弈模型实现量子与非和或非门的具体过程如下。

(1) 直接用两枚量子硬币作为量子逻辑与非门或者或非门的输入端 A 和 B，量子硬币的初始状态由传输而来的二比特量子信息所决定。当输入信息为$|1\rangle$和$|1\rangle$时，A，B 两硬币均为正面向上的状态；输入信息为$|0\rangle$和$|0\rangle$时，两硬币均为反面向上的状态；如若输入信息为归一化的 $\alpha|0\rangle|1\rangle+\beta|1\rangle|0\rangle$，表明 A 硬币处于向正面向上同时 B 硬币反面向上的概率为$|\alpha|^2$，A 硬币处于反面向上同时 B 硬币正面向上的概率为$|\beta|^2$。

(2) 对于 A，B 两输入端均为$|1\rangle$的情形，即两硬币均为正面向上，根据表 3-16 的要求，量子与非门和或非门的输出都为$|\underline{0}\rangle=|0\rangle|0\rangle$。此种情形下，对于 A，B 两硬币而言，其输入状态的密度矩阵相等，即

$$\boldsymbol{\rho}_{11}^{1}=\boldsymbol{\rho}_{11}^{2}=|1\rangle\langle 1|=\begin{pmatrix}1 & 0\\ 0 & 0\end{pmatrix} \tag{3-120}$$

可以分别对两个硬币进行采取相同量子策略 $\boldsymbol{U}_1^1$，从而将表征两硬币状态的密度矩阵均变为$\boldsymbol{\rho}_{21}^{1}=\boldsymbol{\rho}_{21}^{2}=\boldsymbol{G}_2$。对于任意一个 $\boldsymbol{G}_2$ 而言，由量子硬币博弈理论可知，在经典的扰动下不会发生改变，因而可以对两硬币均采用 $\boldsymbol{U}_1^0$ 的逆矩阵 $\boldsymbol{U}_1^{0+}$，从而将两硬币的状态均改变为$|0\rangle$，即此时逻辑门的输出为$|\underline{0}\rangle$。这里的

U_1^1 和 U_1^0 均为幺正矩阵，形式由式（3-11）和（3-12）所决定，它们的逆矩阵与厄米共轭矩阵相等。

（3）当两输入端的信息均为$|0\rangle$时，由真值表可知，量子与非门和或非门的逻辑输出也是相同的，均为$|\underline{1}\rangle=|1\rangle|1\rangle$，对于两硬币所构成的逻辑门而言，即为要求输入时两硬币均为反面向上，而输出时则均为正面向上。由于信息输入时两硬币均处于反面向上的状态，即此时每枚硬币的密度矩阵均为

$$\boldsymbol{\rho}_{10}^1=\boldsymbol{\rho}_{10}^2=|0\rangle\langle 0|=\begin{pmatrix}0 & 0\\ 0 & 1\end{pmatrix} \tag{3-121}$$

则此时对每枚硬币所采取的量子策略由另一个幺正变换 U_1^0 决定，在该操作的作用下，两硬币的密度矩阵如同两输入端均为$|1\rangle$时一样，都变为了 G_2，即 $\boldsymbol{\rho}_{20}^1=\boldsymbol{\rho}_{20}^2=G_2$。同样地，在此过程之后，经典扰动也不会改变 G_2 的取值，因而可以采用 U_1^1 的逆矩阵 U_1^{1+} 作为量子操作，将两硬币的状态均变为$|1\rangle$，从而实现量子与非门或者或非门的逻辑功能。

（4）根据真值表表3-16可知，若两输入端的输入信息为已归一化的$\alpha|0\rangle|1\rangle+\beta|1\rangle|0\rangle$时，量子与非门与或非门的逻辑输出不一样，与非门的输出为$|\underline{1}\rangle=|1\rangle|1\rangle$，或非门的输出为$|\underline{0}\rangle=|0\rangle|0\rangle$。

由于输入端输入的二比特量子信息态为已归一化的 $\alpha|0\rangle|1\rangle+\beta|1\rangle|0\rangle$，因而可借助一定的测量手段确定该态处于$|0\rangle|1\rangle$和$|1\rangle|0\rangle$的概率，进而可以确定态的迭加系数 α 和 β。此种情形下，对充当量子逻辑门的两个量子硬币可分别以不同的概率进行量子操作，$|0\rangle|1\rangle$和$|1\rangle|0\rangle$部分状态的整体密度矩阵分别为

$$\begin{cases}\boldsymbol{\rho}_{1(10)}=|0\rangle|1\rangle\langle 0|\langle 1|=\begin{pmatrix}0&0&0&0\\0&0&0&0\\0&0&1&0\\0&0&0&0\end{pmatrix},\\ \boldsymbol{\rho}_{1(10)}=|1\rangle|0\rangle\langle 1|\langle 0|=\begin{pmatrix}0&0&0&0\\0&1&0&0\\0&0&0&0\\0&0&0&0\end{pmatrix}\end{cases} \tag{3-122}$$

对于两硬币逻辑门，可以以$|\alpha|^2$ 和$|\beta|^2$ 的概率分别用量子操作 S_2 和 S_1 进行作用，这里

$$S_2=\frac{1}{2}\begin{pmatrix}1&1&1&1\\-1&1&1&-1\\-1&1&-1&1\\1&1&-1&-1\end{pmatrix},\quad S_1=\frac{1}{2}\begin{pmatrix}1&1&1&1\\-1&-1&1&1\\1&-1&1&-1\\-1&1&1&-1\end{pmatrix}\tag{3-123}$$

从而使得体系状态变为

$$\boldsymbol{\rho}_2=|\alpha|^2\frac{1}{4}\begin{pmatrix}1&1&1&1\\1&1&1&1\\1&1&1&1\\1&1&1&1\end{pmatrix}+|\beta|^2\frac{1}{4}\begin{pmatrix}1&1&1&1\\1&1&1&1\\1&1&1&1\\1&1&1&1\end{pmatrix}=\frac{1}{4}\begin{pmatrix}1&1&1&1\\1&1&1&1\\1&1&1&1\\1&1&1&1\end{pmatrix}=\boldsymbol{G}_{2\times2}\tag{3-124}$$

这里利用了归一化条件$|\alpha|^2+|\beta|^2=1$。显然，式（3-124）所示的$\boldsymbol{G}_{2\times2}=\boldsymbol{G}_2\otimes\boldsymbol{G}_2$，根据二硬币量子博弈理论，有

$$\boldsymbol{G}_{2\times2}=(1-\sum p_j)\boldsymbol{F}_4^0\boldsymbol{G}_{2\times2}\boldsymbol{F}_4^{0+}+\sum p_j\boldsymbol{F}_4^j\boldsymbol{G}_{2\times2}\boldsymbol{F}_4^{j+}\tag{3-125}$$

$\boldsymbol{F}_4^j$ 是使两硬币体系状态发生改变的经典操作之一，p_j 是 $\boldsymbol{F}_4^j$ 发生作用的可能的经典概率，式（3-125）表明$\boldsymbol{G}_{2\times2}$也不会因为经典操作而发生改变，因而在保持很强抗经典干扰的前提下，可以根据量子逻辑门的需要实施不同的量子操作得出最终的输出状态。

根据表 3-16，量子与非门和或非的逻辑输出分别为$|\underline{1}\rangle=|1\rangle|1\rangle$和$|\underline{0}\rangle=|0\rangle|0\rangle$，其密度矩阵分别为

$$\boldsymbol{\rho}_{3(11)}=\begin{pmatrix}1&0&0&0\\0&0&0&0\\0&0&0&0\\0&0&0&0\end{pmatrix},\ \boldsymbol{\rho}_{3(00)}=\begin{pmatrix}0&0&0&0\\0&0&0&0\\0&0&0&0\\0&0&0&1\end{pmatrix}\tag{3-126}$$

为实现量子与非门，此时可采用量子操作 $\boldsymbol{S}_3$；为实现量子或非门，则可利用量子操作 $\boldsymbol{S}_0$：

$$\boldsymbol{S}_3=\frac{1}{2}\begin{pmatrix}1&1&1&1\\1&1&-1&-1\\1&-1&1&-1\\1&-1&-1&1\end{pmatrix},\quad \boldsymbol{S}_0=\begin{pmatrix}1&1&1&1\\1&-1&-1&1\\-1&1&-1&1\\-1&-1&1&1\end{pmatrix}\tag{3-127}$$

最终对于输入形如$\alpha|0\rangle|1\rangle+\beta|1\rangle|0\rangle$的二比特量子信息，分别实现了量子与非和或非逻辑功能。根据上面的讨论，量子与非门和或非门的实现过程可以通过表 3-17 来表示。

表 3-17　量子与非门和或非的实现流程表

A	B	密度矩阵 1	量子操作 1	密度矩阵 2	量子操作 2	Y_{NAND}	Y_{NOR}
$\|1\rangle$	$\|1\rangle$	$\boldsymbol{\rho}_A=\boldsymbol{\rho}_B=\|1\rangle\langle 1\|$	$\boldsymbol{U}_1^1$ 分别对 A，B 作用	$\boldsymbol{G}_2\otimes\boldsymbol{G}_2$	$\boldsymbol{U}_1^{0+}$ 分别对 A，B 作用	$\|0\rangle$	$\|0\rangle$
$\alpha\|0\rangle\|1\rangle+\beta\|1\rangle\|0\rangle$（已归一化）		$\boldsymbol{\rho}_{1(10)}=\|0\rangle\|1\rangle\langle 0\|\langle 1\|$	$\boldsymbol{S}_2$ 的作用概率为 $\|\alpha\|^2$		$\boldsymbol{S}_3^+$	$\|1\rangle$	—
		$\boldsymbol{\rho}_{1(10)}=\|1\rangle\|0\rangle\langle 1\|\langle 0\|$	$\boldsymbol{S}_1$ 的作用概率为 $\|\beta\|^2$		$\boldsymbol{S}_0^+$	—	$\|0\rangle$
$\|0\rangle$	$\|0\rangle$	$\boldsymbol{\rho}_A=\boldsymbol{\rho}_B=\|0\rangle\langle 0\|$	$\boldsymbol{U}_1^0$ 分别对 A，B 作用		$\boldsymbol{U}_1^{1+}$ 分别对 A，B 作用	$\|1\rangle$	$\|1\rangle$

表 3-17 中，$\boldsymbol{U}_1^0$ 和 $\boldsymbol{U}_1^1$ 由式（3-11）和（3-12）决定；$\boldsymbol{S}_3$，$\boldsymbol{S}_2$，$\boldsymbol{S}_1$ 和 $\boldsymbol{S}_0$ 由式（3-19）决定。从上述过程可以给出以下结论：

（1）无论是量子与非门还是量子或非门，均可以利用两个独立的量子硬币所构成的系统来实现，在实现各自逻辑功能时，若两输入端相同（即 $|1\rangle$ 和 $|1\rangle$ 或者 $|0\rangle$ 和 $|0\rangle$），两逻辑门的全部量子操作均相同，并且所采用的方法均为将两硬币体系视为独立的个体来考虑；若两输入端不相同，输入为迭加态形式的二比特信息，量子与非门和或非门具有不同的输出信息，此时两种逻辑门应分别进行讨论，并且讨论的方式均为将二硬币体系视作整体来对待。

（2）由于在量子博弈理论中，经典的操作不会对体系的状态起到任何影响，因而在利用两单硬币量子博弈来实现量子与非或者或非门时，逻辑功能的实现不会轻易受到经典干扰的影响，亦即我们所提出的这套实现量子逻辑功能的理论方案具有很强的抗经典干扰的能力。

（3）在量子博弈的过程中，如果采用量子策略的博弈者受到量子噪声的影响，则会使得量子策略相较于经典策略的优越性降低，当量子噪声达到最大值时，量子策略的优越性消失，博弈双方的收益相同，量子策略不再具有优越性。而在利用单硬币量子博弈模型来实现量子与非门和或非门时，实际具体的量子操作往往会受到量子噪声的影响，从而导致量子逻辑功能的实现也会受到影响，因而对于这里所提出的理论方案而言，在具体的实验操作时必须进行必要的降噪处理，从而避免量子噪声的影响。

作为量子信息领域的重要研究分支，量子逻辑门的研究具有举足轻重的意义。本节内容将量子博弈与量子与非门以及或非门的逻辑功能相结合，引入了实现这两种量子逻辑门的理论方案：可以借助两个独立量子硬币所构成的量子体系，利用量子博弈的相关策略进行作用，从而实现量子逻辑功能；并且详细介绍了该方案中两种逻辑门的异同之处以及随输入信息的不同所采取的不同具体操作模式，在提出方案的同时，研究了经典干扰的作用，发现经典干扰不会对此方案起到影响。至于具体操作时量子噪声的影响，本书指出在实验上具体实现时要进行必要的降噪处理，至于采用什么措施来降低量子噪声的影响，这是未来研究的一个重要方面。

第四章　量子信息传输调控

在第二章我们曾简单介绍过量子通信基本理论，量子通信可分为量子远程通信和短程通信，其中短程通信主要是解决量子信息在量子计算机内部器件之间的传送问题，除非特殊说明，本章所涉及的量子信息传输问题指的就是量子信息的短程通信。考虑到实际需要，量子计算机必须以固态形式存在，因而量子信息传输信道需要保证是固态材料，在诸多可以传输量子信息的物理信道中，两端开放的一维自旋链网络信道是最具优势的信息传输信道，它被视作相互作用量子比特的组合，近年来在该体系中进行量子信息的传输也已成为量子信息领域的热点问题之一。根据不同格点间相互作用的差异，自旋链可分为 *XX* 型、*XY* 型、*XYZ* 型、Ising 型等等。在仅考虑了自旋链各格点间近邻相互作用的、经过修正的 Heisenberg-*XX* 模型上，任意多比特量子信息的完美传输都可以仅由系统的动力学演化来实现，理论结果给出无论链的长度是多少，其完美传输得以实现的时间条件均为固定取值，即一旦该条件得以满足，无论链有多长，总可以实现信息的完美传输。尽管如此，其不足之处也同样明显，在量子计算机内部器件间实际进行量子信息的传输时，往往要求能够人为控制信息传输的时间，随心所欲地进行量子信息的传输，而这正是上述讨论所无法做到的。以此为背景，本章内容首先引入自旋链信道上量子信息的完美传输理论，进而在此基础上引入一种特定的弱磁场，考察这种弱磁场对量子信息传输的影响，并研究如何借助该影响实现量子信息传输的量子调控，从而人为控制信息的完美传输。

第一节　自旋链上量子信息的完美传输

Bose 首次提出了量子信息传输的自旋链信道方案[48]，给出了只考虑近邻相互作用的自旋链模型——经修正的 Heisenberg-XX 模型，并研究了如何利用这种自旋链模型来实现单比特量子信息的完美传输。

一、自旋链系统的哈密顿量

Bose 指出含有 N 个格点的这种自旋链的哈密顿量形式为

$$\begin{aligned}\boldsymbol{H}_{\mathrm{G}} &= \sum_{n=1}^{N-1} J_{n,\ n+1}(\sigma_n^x\sigma_{n+1}^x + \sigma_n^y\sigma_{n+1}^y)\\ &= \frac{1}{2}\sum_{n=1}^{N-1} J_{n,\ n+1}(\sigma_n^+\sigma_{n+1}^- + \sigma_n^-\sigma_{n+1}^+)\\ &= \sum_{n=1}^{N-1} J_{n,\ n+1}\boldsymbol{\sigma}_n \cdot \boldsymbol{\sigma}_{n+1}\end{aligned} \tag{4-1}$$

式中：$J_{n,n+1}=\sqrt{n\ (N-n)}$，它给出了两相邻格点之间的相互作用强度，而自旋链上除了近邻格点之间之外，不存在其他的相互作用；σ_n^x 和 σ_n^y 分别是泡利算符在 x 方向和 y 方向上的分量，σ_n^+ 和 σ_n^- 是升降算符，其中角标 n 或 $n+1$ 是指算符仅仅对第 n 或 $n+1$ 的格点作用。

由于每个格点处自旋仅仅只考虑 z 方向向上和向下两种可能的本征态，因而含有 N 个格点的自旋链共有 2^N 个可能的本征态，进而表明哈密顿量算符 $\boldsymbol{H}_{\mathrm{G}}$ 的希尔伯特空间是 2^N 维的。在 $\boldsymbol{H}_{\mathrm{G}}$ 的 2^N 个本征态中存在简并情况，同一个能量本征值的各简并本征态可以生成 $\boldsymbol{H}_{\mathrm{G}}$ 的子空间。

（1）当自旋链上所有格点处自旋 z 分量都沿 z 轴向下时（以后如无特殊说明，均指 z 方向），$\boldsymbol{H}_{\mathrm{G}}$ 的本征值 $E_0=0$，体系处在基态，自旋链只有一个状态（$\mathrm{C}_N^0=1$），即

$$|\psi_0\rangle=|000\cdots00\rangle,\qquad \boldsymbol{H}_{\mathrm{G}}|\psi_0\rangle=E_0|\psi_0\rangle=0|\psi_0\rangle \tag{4-2}$$

式中：$|0\rangle$表示格点处自旋向下$|\downarrow\rangle$，$|1\rangle$表示格点处自旋向下$|\uparrow\rangle$。可认为本征态 1 度简并，张成 $\boldsymbol{H}_{\mathrm{G}}$ 的一个 1 维子空间，称为 $\boldsymbol{H}_{\mathrm{G}}$ 的第一子空间。

（2）若只有一个格点处自旋向上，而其余的所有格点处自旋都向下时，自旋链体系处于第一激发态，显然，此种可能的简并状态共有 N 个（$\mathrm{C}_N^1=N$），

$$|\psi_1\rangle^{(k)}=\sum_{m=1}^{N} a_k(m)\phi(m),\qquad k=1,\ 2,\ \cdots,\ N \tag{4-3}$$

式中：$\phi\ (m)\ =|000\cdots1_m\cdots00\rangle$，表示仅第 m 格点处自旋向上，其余自旋向下。所有可能状态可以张成 $\boldsymbol{H}_{\mathrm{G}}$ 的一个 N 维子空间，称为第二子空间。自旋链体系哈密顿算符的本征值方程为

$$\boldsymbol{H}_{\mathrm{G}}\ |\psi_1\rangle^{(k)}=E_1^{(k)}\ |\psi_1\rangle^{(k)},\qquad k=1,\ 2,\ \cdots,\ N \tag{4-4}$$

（3）如果自旋链体系中，两个格点处自旋向上，其余格点处自旋向下，

自旋链处于体系第二激发态，此时哈密顿量算符 $\boldsymbol{H}_{\mathrm{G}}$ 的可能本征态有 $\frac{N(N-1)}{2}$ $\left[\mathrm{C}_N^2=\frac{N(N-1)}{2}\right]$ 个：

$$|\psi_1\rangle|\psi_2\rangle^{(k)}=\sum_{m_1<m_2}^{N}a_k(m_1,\ m_2)\phi(m_1,\ m_2),\quad k=1,\ 2,\ \cdots,\ \frac{N(N-1)}{2} \tag{4-5}$$

式中：$\phi(m_1,\ m_2)=|000\cdots1_{m_1}\cdots1_{m_2}\cdots00\rangle$，表示第 m_1 和 m_2 格点处自旋向上，其余自旋向下。自旋链体系这种相互简并的可能状态张成 $\boldsymbol{H}_{\mathrm{G}}$ 的 $\frac{N(N-1)}{2}$ 维子空间，称为第三子空间。各本征态满足本征值方程

$$\boldsymbol{H}_{\mathrm{G}}\ |\psi_2\rangle^{(k)}=E_2^{(k)}\ |\psi_2\rangle^{(k)},\quad k=1,\ 2,\ \cdots,\ \frac{N(N-1)}{2} \tag{4-6}$$

（4）依次继续讨论更多个自旋向上的情况，自旋链的 N 个格点中，有 n 个格点处自旋向上，$N-n$ 个自旋向下，简并的第 n 个激发态的个数为 $\frac{N!}{n!\ (N-n)!}$ $\left(\mathrm{C}_N^n=\frac{N!}{n!\ (N-n)!}\right)$，张成 $\boldsymbol{H}_{\mathrm{G}}$ 的 $\frac{N!}{n!\ (N-n)!}$ 维子空间，称为第 $n+1$ 子空间。

考虑到 $\boldsymbol{H}_{\mathrm{G}}$ 各本征态的正交、归一、完备性，以及 $\boldsymbol{H}_{\mathrm{G}}$ 各子空间中各个简并态的正交（如不正交，可采用施密特正交化方法使其正交）、归一、完备性，$\boldsymbol{H}_{\mathrm{G}}$ 能够在各子空间中展开，记作

$$\begin{aligned}\boldsymbol{H}_{\mathrm{G}}&=\sum_{k_0=1}^{1}E_0|\psi_0\rangle\langle\psi_0|\\&+\sum_{k_1=1}^{N}E_1^{(k_1)}\ |\psi_1\rangle^{(k_1)(k_1)}\langle\psi_1|\\&+\sum_{k_2=1}^{\frac{N(N-1)}{2}}E_2^{(k_2)}\ |\psi_1\rangle|\psi_2\rangle^{(k_2)(k_2)}\langle\psi_2|\\&+\cdots\\&+\sum_{k_V=1}^{1}E_N^{(k_N)}\ |\psi_N\rangle^{(k_N)(k_N)}\langle\psi_N|\end{aligned} \tag{4-7}$$

对于这种不显含时间的哈密顿量算符而言，自旋链体系状态的随时演化问题可归结为定态问题，给定初态后，体系的动力学演化可利用演化算符的作用来实现。考虑式（4-7），可以得出演化算符的形式为

$$
\begin{aligned}
e^{-i\lambda t\boldsymbol{H}_G} = & \sum_{k_0=1}^{1} e^{-i\lambda tE_0} |\psi_0\rangle\langle\psi_0| \\
& + \sum_{k_1=1}^{N} e^{-i\lambda tE_1^{(k_1)}} |\psi_1\rangle^{(k_1)(k_1)}\langle\psi_1| \\
& + \sum_{k_2=1}^{\frac{N(N-1)}{2}} e^{-i\lambda tE_2^{(k_2)}} |\psi_1\rangle|\psi_2\rangle^{(k_2)(k_2)}\langle\psi_2| + \cdots \\
& + \sum_{k_V=1}^{1} e^{-i\lambda tE_N^{(k_N)}} |\psi_N\rangle^{(k_N)(k_N)}\langle\psi_N|
\end{aligned} \tag{4-8}
$$

由于演化算符中哈密顿算符出现在 e 指数上，e 指数上的量纲没有实在的物理意义，因而为了使得 e 指数上的量纲为 1，引入了平衡参量 λ。

二、单比特量子信息传输的一般理论

量子信息传输的目的是将自旋链一端 A（发送始端）的信息穿送至链的另一端（接收终端）B。在自旋链的 A 端制备一般形式的单比特量子信息 $\alpha|0\rangle+\beta|1\rangle$，系数满足正交归一化条件，即

$$|\alpha|^2+|\beta|^2=1 \tag{4-9}$$

自旋链体系的状态则为

$$\alpha|0_A00\cdots00_B\rangle+\beta|1_A00\cdots00_B\rangle\equiv\alpha|\underline{0}\rangle+\beta|\underline{1}\rangle \tag{4-10}$$

由式（4-2）可知，式（4-10）中的 $|0_A00\cdots00_B\rangle$ 是自旋链体系能量本征值为零的基态，演化算符不会使其发生变化，即

$$e^{-i\lambda E_0 t}|\psi_0\rangle=|\psi_0\rangle \tag{4-11}$$

也就是说式（4-10）中的第一项不会随时间而演化。单比特量子信息从发送始端 A 传递至接收终端 B 的目的即为，使形如式（4-10）的自旋链体系状态，最终变为 $\alpha|0_A00\cdots00_B\rangle+\beta|0_A00\cdots01_B\rangle$，由于 α 项不会随时间演化，从而使得体系状态的演化由 $\beta|\underline{1}\rangle=\beta|1_A00\cdots00_B\rangle$ 来完成，信息传输的理想要求是将 $|1_A00\cdots00_B\rangle$ 演化为 $|\underline{N}\rangle\equiv|0_A00\cdots01_B\rangle$，而实际上，体系最终的状态则是演化为了一个格点自旋向上、其他格点自旋向下的各种可能状态的迭加，即

$$\alpha|0\rangle+\beta|1\rangle\rightarrow\alpha|\underline{0}\rangle+\sum_{n=1}^{N}\beta_n(t)|n\rangle \tag{4-12}$$

这表明，态的演化是在哈密顿量算符第一激发态的各个简并态所张成的第二子空间中来进行的。

可以定义信息传输的保真度为：终端 B 所接受的信息相对于始端 A 输入信息的保真程度。在本模型中，单比特量子信息传输的保真度可用第二子空间

中$|\underline{1}\rangle$态最终传输幅度的模来表示，即

$$|F(t)| \equiv |\langle \underline{N}|\, e^{-i\lambda t \boldsymbol{H}_G} |\underline{1}\rangle| \tag{4-13}$$

它表征了信息传输保真程度的百分比，保真度越大，表明终端 B 处所接收到的信息与 A 处的输入信息越接近。所谓信息的完美传输，即为保真度为 1 的信息传输，它指的是在终端 B 处所接收到的信息与始端 A 处所输入的信息百分之百相同，这也是量子信息传输所希望达到的最终目标。

将式（4-8）、（4-10）、（4-11）、（4-12）以及（4-13）结合起来考虑，可以给出在 $\boldsymbol{H}_G$ 的第二子空间中，单比特量子信息传输的概率幅为

$$\begin{aligned} F(t) &= \langle \underline{N}|\, e^{-i\lambda t \boldsymbol{H}_G} |\underline{1}\rangle \\ &= \langle 0_A 00\cdots 01_B|\, e^{-i\lambda t H_G} |1_A 00\cdots 00_B\rangle \\ &= \langle 0_A 00\cdots 01_B|\, \sum_{k_1=1}^{N} e^{-i\lambda t E_1^{(k_1)}} |\psi_1\rangle^{(k_1)(k_1)}\langle\psi_1|1_A 00\cdots 00_B\rangle \end{aligned} \tag{4-14}$$

在式（4-3）中，$\phi m = |000\cdots 1_m \cdots 00\rangle$，这里 $m=1, 2, \cdots, N$，也就是说 $\phi(m)$ 共有 N 个可能的形式 $|100\cdots 00\rangle$、$|010\cdots 00\rangle$、…、$|000\cdots 01\rangle$，在其自身表象中，这 N 个 $\phi(m)$ 的矩阵形式为

$$|100\cdots 00\rangle \rightarrow \begin{pmatrix} 1 \\ 0 \\ \vdots \\ 0 \\ 0 \end{pmatrix},\ |010\cdots 00\rangle \rightarrow \begin{pmatrix} 0 \\ 1 \\ \vdots \\ 0 \\ 0 \end{pmatrix},\ \cdots,\ |000\cdots 01\rangle \rightarrow \begin{pmatrix} 0 \\ 0 \\ \vdots \\ 0 \\ 1 \end{pmatrix} \tag{4-15}$$

在该表象中，哈密顿量 $\boldsymbol{H}_G$ 的矩阵为

$$\boldsymbol{H}_G = \frac{1}{2}\begin{pmatrix} 0 & J_{12} & 0 & 0 & \cdots & 0 \\ J_{12} & 0 & J_{23} & 0 & \cdots & 0 \\ 0 & J_{23} & 0 & J_{34} & \cdots & 0 \\ 0 & 0 & J_{34} & 0 & \cdots & 0 \\ \vdots & \vdots & \vdots & \vdots & \ddots & J_{N-1,N} \\ 0 & 0 & 0 & 0 & J_{N-1,N} & 0 \end{pmatrix} \tag{4-16}$$

$\boldsymbol{H}_G$ 共有 N 个第一激发态，形式如式（4-3）所示，属于共同的本征值 $E_1^{(k)}$。任意一个第一激发态在此表象中的矩阵可记作

$$|\psi_1\rangle^{(k)}=\begin{pmatrix}a_k(1)\\a_k(2)\\\vdots\\a_k(N-1)\\a_k(N)\end{pmatrix}\tag{4-17}$$

式中：$k=1, 2, \cdots, N$，也就是说式（4-17）代表 $\boldsymbol{H}_{\mathrm{G}}$ 的 N 个第一激发态列矩阵，将这 N 个列矩阵排列成一个幺正矩阵，即

$$\boldsymbol{U}=\begin{pmatrix}a_1(1)&a_2(1)&a_3(1)&a_4(1)&\cdots&a_N(1)\\a_1(2)&a_2(2)&a_3(2)&a_4(2)&\cdots&a_N(2)\\a_1(3)&a_2(3)&a_3(3)&a_4(3)&\cdots&a_N(3)\\a_1(4)&a_2(4)&a_3(4)&a_4(4)&\cdots&a_N(4)\\\vdots&\vdots&\vdots&\vdots&\ddots&\vdots\\a_1(N)&a_2(N)&a_3(N)&a_4(N)&\cdots&a_N(N)\end{pmatrix}\tag{4-18}$$

利用幺正矩阵 $\boldsymbol{U}$ 可以将式（4-16）所示的 $\boldsymbol{H}_{\mathrm{G}}$ 矩阵幺正变换到 $\boldsymbol{H}_{\mathrm{G}}$ 自身表象中，即实现 $\boldsymbol{H}_{\mathrm{G}}$ 的对角化：

$$\boldsymbol{H}^{\mathrm{diag}}=\boldsymbol{U}^{\dagger}\boldsymbol{H}_{\mathrm{G}}\boldsymbol{U}\tag{4-19}$$

从而得到

$$\boldsymbol{H}^{\mathrm{diag}}=\begin{pmatrix}E_1^{(1)}&0&0&0&\cdots&0\\0&E_1^{(2)}&0&0&\cdots&0\\0&0&E_1^{(3)}&0&\cdots&0\\0&0&0&E_1^{(4)}&\cdots&0\\\vdots&\vdots&\vdots&\vdots&\ddots&\vdots\\0&0&0&0&0&E_1^{(N)}\end{pmatrix}\tag{4-20}$$

式中：对角元 $E_1^{(k)}$ 是哈密顿量算符的本征值。

考虑到式（4-14），可以得到

$$\begin{aligned}F(t)&=(\mathrm{e}^{-\mathrm{i}\lambda t\boldsymbol{H}_{\mathrm{G}}})_{N,1}=\langle \underline{N}\mid \mathrm{e}^{-\mathrm{i}\lambda t\boldsymbol{H}_{\mathrm{G}}}\mid \underline{1}\rangle\\&=\langle 000\cdots01\mid \boldsymbol{U}\mathrm{e}^{-\mathrm{i}\lambda t\boldsymbol{H}^{\mathrm{diag}}}\boldsymbol{U}^{\dagger}\mid 100\cdots00\rangle\\&=\sum_{k=1}^{N}a_k^*(1)a_k(N)\mathrm{e}^{-\mathrm{i}\lambda tE_1^{(k)}}\end{aligned}\tag{4-21}$$

结合式（4-18）可以知道 a_k（N）是幺正矩阵 $\boldsymbol{U}$ 的第 N 行、第 k 列矩阵元。最终信息传输的概率幅与时间有关，是时间的函数，函数关系由幺正矩阵 $\boldsymbol{U}$ 决定，若时间为零，则有

$$F(t=0)=\sum_{k=1}^{N}a_k^*(1)a_k(N)=0 \tag{4-22}$$

上面的讨论表明，自旋链上单比特信息传输保真度的关键在于给出体系状态演化的概率幅，而概率幅的求解则需要给出体系哈密顿算符的对角矩阵以及使其对角化的幺正矩阵 $\boldsymbol{U}$，亦即需要求解哈密顿算符 $\boldsymbol{H}_{\mathrm{G}}$ 在其第二子空间的本征态 $|\psi_1\rangle^{(k)}$ 和本征值 $E_1^{(k)}$。反过来讲，一旦传输量子信息的自旋链得以确定，则体系哈密顿算符 $\boldsymbol{H}_{\mathrm{G}}$ 即可确定，其本征问题可进行求解，从而给出 $F(t)$ 的具体形式。上面曾说过，保真度为 1 的传输称为量子信息的完美传输，从而可利用

$$|F(t)|=1 \tag{4-23}$$

得出单比特信息完美传输时时间所应满足的具体条件。

三、单比特量子信息完美传输的时间条件

本部分内容将考虑不同长度（格点数）的具体自旋链上，量子信息进行传输时，实现完美传输的时间所应满足的条件。首先，通过计算 $N=2$，3，4，5，即前几种情况来确定状态传输概率幅 $F(t)$，然后在此基础上，进一步研究给出实现单比特量子信息完美传输所应满足的时间条件[57]。

（1）自旋链的格点数 $N=2$ 时，自旋链对角化的哈密顿量矩阵为

$$\boldsymbol{H}^{\mathrm{diag}}=\begin{pmatrix}E_1^{(1)} & 0\\ 0 & E_1^{(2)}\end{pmatrix}=\begin{pmatrix}\frac{1}{2} & 0\\ 0 & \frac{1}{2}\end{pmatrix} \tag{4-24}$$

使其对角化的幺正矩阵为

$$\boldsymbol{U}=\begin{pmatrix}a_1\ (1) & a_2\ (1)\\ a_1\ (2) & a_2\ (2)\end{pmatrix}=\frac{1}{\sqrt{2}}\begin{pmatrix}-1 & 1\\ 1 & 1\end{pmatrix} \tag{4-25}$$

将式（4-24）和（4-25）代入式（4-21），可以得到此自旋链上，单比特量子信息传输的概率幅为

$$F(t)=(\mathrm{e}^{-\mathrm{i}\lambda t\boldsymbol{H}_{\mathrm{G}}})_{N,\,1}=\sum_{k=1}^{2}a_k^*(1)a_k(N)\mathrm{e}^{-\mathrm{i}\lambda tE_1^{(k)}}=-\mathrm{i}\sin\left(\frac{\lambda t}{2}\right) \tag{4-26}$$

（2）格点数 $N=3$ 时，对角化的哈密顿量和相应的幺正变换矩阵分别为

$$\boldsymbol{H}^{\mathrm{diag}}=\begin{pmatrix}E_1^{(1)} & 0 & 0\\ 0 & E_1^{(2)} & 0\\ 0 & 0 & E_1^{(3)}\end{pmatrix}=\begin{pmatrix}-1 & 0 & 0\\ 0 & 0 & 0\\ 0 & 0 & 1\end{pmatrix} \tag{4-27}$$

和

$$
\boldsymbol{U}=\begin{pmatrix} a_1(1) & a_2(1) & a_3(1) \\ a_1(2) & a_2(2) & a_3(2) \\ a_1(3) & a_2(3) & a_3(3) \end{pmatrix}=\begin{pmatrix} \frac{1}{2} & -\frac{1}{\sqrt{2}} & \frac{1}{2} \\ -\frac{1}{\sqrt{2}} & 0 & \frac{1}{\sqrt{2}} \\ \frac{1}{2} & \frac{1}{\sqrt{2}} & \frac{1}{2} \end{pmatrix} \tag{4-28}
$$

式（4-27）和（4-28）代入式（4-21）中，可以给出格点数为 3 的自旋链上，单比特量子信息传输的概率幅为

$$
F(t)=(\mathrm{e}^{-\mathrm{i}\lambda t\boldsymbol{H}_{\mathrm{G}}})_{N,\,1}=\sum_{k=1}^{3} a_k^*(1)a_k(N)\mathrm{e}^{-\mathrm{i}\lambda tE_1^{(k)}}=\left[-\mathrm{i}\sin\left(\frac{\lambda t}{2}\right)\right]^2 \tag{4-29}
$$

（3）自旋链的长度 $N=4$ 时，对角化的哈密顿量及幺正矩阵分别为

$$
\boldsymbol{H}^{\mathrm{diag}}=\begin{pmatrix} E_1^{(1)} & 0 & 0 & 0 \\ 0 & E_1^{(2)} & 0 & 0 \\ 0 & 0 & E_1^{(3)} & 0 \\ 0 & 0 & 0 & E_1^{(4)} \end{pmatrix}=\begin{pmatrix} -\frac{3}{2} & 0 & 0 & 0 \\ 0 & -\frac{1}{2} & 0 & 0 \\ 0 & 0 & \frac{1}{2} & 0 \\ 0 & 0 & 0 & \frac{3}{2} \end{pmatrix} \tag{4-30}
$$

以及

$$
\boldsymbol{U}=\begin{pmatrix} a_1(1) & a_2(1) & a_3(1) & a_4(1) \\ a_1(2) & a_2(2) & a_3(2) & a_4(2) \\ a_1(3) & a_2(3) & a_3(3) & a_4(3) \\ a_1(4) & a_2(4) & a_3(4) & a_4(4) \end{pmatrix}=\frac{1}{\sqrt{8}}\begin{pmatrix} -1 & \sqrt{3} & -\sqrt{3} & 1 \\ \sqrt{3} & -1 & -1 & \sqrt{3} \\ -\sqrt{3} & -1 & 1 & \sqrt{3} \\ 1 & \sqrt{3} & \sqrt{3} & 1 \end{pmatrix} \tag{4-31}
$$

式（4-30）和（4-31）代入式（4-21）中，可以给出 $N=4$ 时，量子信息传输的概率幅为

$$
F(t)=(\mathrm{e}^{-\mathrm{i}\lambda t\boldsymbol{H}_{\mathrm{G}}})_{N,\,1}=\sum_{k=1}^{4} a_k^*(1)a_k(N)\mathrm{e}^{-\mathrm{i}\lambda tE_1^{(k)}}=\left[-\mathrm{i}\sin\left(\frac{\lambda t}{2}\right)\right]^3 \tag{4-32}
$$

（4）为了给出更为一般的情况，我们这里再进一步讨论自旋链的格点数 $N=5$ 的情况，此时对角化的哈密顿量和对应的幺正矩阵为

$$\boldsymbol{H}^{\text{diag}}=\begin{pmatrix} E_1^{(1)} & 0 & 0 & 0 & 0 \\ 0 & E_1^{(2)} & 0 & 0 & 0 \\ 0 & 0 & E_1^{(3)} & 0 & 0 \\ 0 & 0 & 0 & E_1^{(4)} & 0 \\ 0 & 0 & 0 & 0 & E_1^{(5)} \end{pmatrix}=\begin{pmatrix} -2 & 0 & 0 & 0 & 0 \\ 0 & -1 & 0 & 0 & 0 \\ 0 & 0 & 1 & 0 & 0 \\ 0 & 0 & 0 & 1 & 0 \\ 0 & 0 & 0 & 0 & 2 \end{pmatrix} \tag{4-33}$$

和

$$\boldsymbol{U}=\begin{pmatrix} a_1(1) & a_2(1) & a_3(1) & a_4(1) & a_5(1) \\ a_1(2) & a_2(2) & a_3(2) & a_4(2) & a_5(2) \\ a_1(3) & a_2(3) & a_3(3) & a_4(3) & a_5(3) \\ a_1(4) & a_2(4) & a_3(4) & a_4(4) & a_5(4) \\ a_1(5) & a_2(5) & a_3(5) & a_4(5) & {}_5(5) \end{pmatrix}=\begin{pmatrix} \frac{1}{4} & -\frac{1}{2} & \frac{\sqrt{3}}{\sqrt{8}} & -\frac{1}{2} & \frac{1}{4} \\ -\frac{2}{4} & \frac{1}{2} & 0 & -\frac{1}{2} & \frac{2}{4} \\ \frac{\sqrt{6}}{4} & 0 & -\frac{\sqrt{2}}{\sqrt{8}} & 0 & \frac{\sqrt{6}}{4} \\ -\frac{2}{4} & -\frac{1}{2} & 0 & \frac{1}{2} & \frac{2}{4} \\ \frac{1}{4} & \frac{1}{2} & \frac{\sqrt{3}}{\sqrt{8}} & \frac{1}{2} & \frac{1}{4} \end{pmatrix} \tag{4-34}$$

用与上面同样的方式，将式（4–33）和（4–34）代入式（4–21）中，可以得到格点数为 5 的自旋链上

$$F(t)=(\mathrm{e}^{-\mathrm{i}\lambda t\boldsymbol{H}_{\mathrm{G}}})_{N,\ 1}=\sum_{k=1}^{5}a_k^*(1)a_k(N)\mathrm{e}^{-\mathrm{i}\lambda tE_1^{(k)}}=\left[-\mathrm{isin}\left(\frac{\lambda t}{2}\right)\right]^4 \tag{4-35}$$

依次类推，当自旋链长度逐渐增长时，应该具有类似的结果。对比格点数分别为 2，3，4，5 时的传输概率幅式（4–26）、（4–29）、（4–32）、（4–35）可以发现，$F(t)$ 的形式中，中括号部分都相同，不同之处在于其指数项，指数的数字为格点数减 1。将其进行推广，可以给出任意长度的自旋链上单比特量子信息传输的概率幅为

$$F(t)=\left[-\mathrm{isin}\left(\frac{\lambda t}{2}\right)\right]^{N-1} \tag{4-36}$$

为实现该链上信息的完美传输，将其代入式（4–23）中，从而可以得到

$$t=\frac{\pi}{\lambda}\text{或}\frac{\lambda t}{2}=\pm\frac{\pi}{2}+2n\pi,\ n\text{ 为整数} \tag{4-37}$$

也就是说，只需要满足上式中的时间要求，就可以实现单比特量子信息的完美传输，且该条件与自旋链的长度没有任何关系，即自旋链体系自身的物理属性

决定了是否能够实现信息的完美传输。

四、二比特量子信息的完美传输

根据单比特量子信息完美传输理论，可以进一步考虑二比特量子信息在自旋链上进行传输时，实现完美传输的时间条件。当在自旋链上传输二比特量子信息时，可在链的始端 A 处制备已归一化的信息态 $\alpha|00\rangle+\beta|11\rangle$，从而使得自旋链整体状态的形式如下：

$$\alpha|0_{A_1}0_{A_2}0\cdots00_{B_1}0_{B_2}\rangle+\beta|1_{A_1}1_{A_2}0\cdots00_{B_1}0_{B_2}\rangle\equiv\alpha|\underline{00}\rangle+\beta|\underline{11}\rangle \tag{4-38}$$

与单比特量子信息传输的情形相类似，式（4-38）中的 α 项 $\alpha|\underline{00}\rangle$ 表示自旋链上所有格点自旋都向下，表明该项是自旋链体系哈密顿量算符 $\boldsymbol{H}_{\mathrm{G}}$ 零本征值的本征态 $|\psi_0\rangle$，它不会随着动力学演化而发生变化。也就是说，体系状态的演化或者说二比特量子信息的传输主要由 β 项 $\beta|\underline{11}\rangle$ 来进行，即

$$\alpha|\underline{00}\rangle+\beta|\underline{11}\rangle\rightarrow\alpha|\underline{00}\rangle+\sum_{m<n}^{N}\beta_{mn}(t)|\underline{mn}\rangle \tag{4-39}$$

式中：$|\underline{00}\rangle$ 表示所有格点处自旋均向下的状态，$|\underline{11}\rangle$ 表示仅第 1 和第 2 格点处自旋向上、其他格点处自旋全部向下的状态，$|\underline{mn}\rangle$ 表示第 m 和 n 个格点处自旋向上、其余格点自旋向下的状态。经历任意的 t 时间，自旋链体系的状态演化而来的状态能够实现二比特信息传输的概率幅为

$$F(t)=\langle\underline{N-1,\ N}|\mathrm{e}^{-\mathrm{i}\lambda t\boldsymbol{H}_{\mathrm{G}}}|\underline{12}\rangle \tag{4-40}$$

显然，该演化行为可限制在哈密顿量算符 $\boldsymbol{H}_{\mathrm{G}}$ 的第三子空间中进行，仅该子空间中的本征态有作用。具体的数学推导过程为

$$\begin{aligned}F(t)&=\langle\underline{N-1,\ N}|\mathrm{e}^{-\mathrm{i}\lambda t\boldsymbol{H}_{\mathrm{G}}}|\underline{12}\rangle\\&=\langle0_{A_1}0_{A_2}0\cdots01_{B_1}1_{B_2}|\mathrm{e}^{-\mathrm{i}\lambda t\boldsymbol{H}_{\mathrm{G}}}|1_{A_1}1_{A_2}0\cdots00_{B_1}0_{B_2}\rangle\\&=\langle0_{A_1}0_{A_2}0\cdots01_{B_1}1_{B_2}|\sum_{k_2=1}^{C_N^2}\mathrm{e}^{-\mathrm{i}\lambda tE_2^{(k_2)}}|\psi_2\rangle^{(k_2)(k_2)}\langle\psi_2|1_{A_1}1_{A_2}0\cdots00_{B_1}0_{B_2}\rangle\\&=\langle0_{A_1}0_{A_2}0\cdots01_{B_1}1_{B_2}|\sum_{k=1}^{C_N^2}\mathrm{e}^{-\mathrm{i}\lambda tE_2^{(k)}}|\psi_2\rangle^{(k)(k)}\langle\psi_2|1_{A_1}1_{A_2}0\cdots00_{B_1}0_{B_2}\rangle\\&=\sum_{k=1}^{C_N^2}b_k^*(1)b_k(C_N^2)\mathrm{e}^{-\mathrm{i}\lambda tE_2^{(k)}}\end{aligned} \tag{4-41}$$

式中，$b_k^*(1)=a_k(1,\ 2)$，$b_k(C_N^2)=a_k\left(\frac{N(N-1)}{2}-1,\ \frac{N(N-1)}{2}\right)$，是使哈密顿量 $\boldsymbol{H}_{\mathrm{G}}$ 对角化的幺正矩阵 $\boldsymbol{U}$ 的相应矩阵元。

为了讨论自旋链上二比特量子信息传输的保真度问题，采用与单比特信息

传输相类似的方法，首先计算出格点数 $N=2$，3，4，5 等几种自旋链上，承载信息的体系状态演化的传输概率幅 $F(t)$；然后在此基础上，进一步讨论实现二比特量子信息保真度为 1 的完美传输所满足的时间条件。

（1）自旋链仅仅有两个格点，即格点数 $N=2$ 时，此时输入二比特信息 $\alpha|00\rangle+\beta|11\rangle$ 后，自旋链体系的状态也为 $\alpha|00\rangle+\beta|11\rangle$，第一项不随时间演化，信息完美传输需将第二项演化为 $\beta|11\rangle$，表明信息的完美传输总是可以实现，传输概率幅为

$$F(t)=1 \tag{4-42}$$

为了研究的需要，将其写为

$$F(t)=1=\left[-\mathrm{i}\sin\left(\frac{\lambda t}{2}\right)\right]^{0} \tag{4-43}$$

（2）自旋链格点数 $N=3$ 时，在 $\{\phi(m_1, m_2)=|000\cdots1_{m_1}0\cdots01_{m_2}\cdots00\rangle\}$ 为基矢所形成的表象下，哈密顿算符的矩阵形式为

$$\boldsymbol{H}_{\mathrm{G}}=\begin{pmatrix}0 & \mathrm{J}_{23} & 0\\ \mathrm{J}_{23} & 0 & \mathrm{J}_{12}\\ 0 & \mathrm{J}_{12} & 0\end{pmatrix}=\frac{1}{2}\begin{pmatrix}0 & \sqrt{2} & 0\\ \sqrt{2} & 0 & \sqrt{2}\\ 0 & \sqrt{2} & 0\end{pmatrix} \tag{4-44}$$

将式（4-44）对角化至自身表象（即 $\{|\psi_2\rangle^{(k)}\}$ 为基矢所形成的表象）下，可以得到对角化的哈密顿量，即

$$\boldsymbol{H}^{\mathrm{diag}}=\begin{pmatrix}E_1^{(1)} & 0 & 0\\ 0 & E_1^{(2)} & 0\\ 0 & 0 & E_1^{(3)}\end{pmatrix}=\begin{pmatrix}-1 & 0 & 0\\ 0 & 0 & 0\\ 0 & 0 & 1\end{pmatrix} \tag{4-45}$$

实现对角化的幺正矩阵的形式为

$$\boldsymbol{U}=\begin{pmatrix}b_1(1) & b_2(1) & b_3(1)\\ b_1(2) & b_2(2) & b_3(2)\\ b_1(3) & b_2(3) & b_3(3)\end{pmatrix}=\begin{pmatrix}\frac{1}{2} & -\frac{1}{\sqrt{2}} & \frac{1}{2}\\ -\frac{1}{\sqrt{2}} & 0 & \frac{1}{\sqrt{2}}\\ \frac{1}{2} & \frac{1}{\sqrt{2}} & \frac{1}{2}\end{pmatrix} \tag{4-46}$$

考虑到式（4-41）、（4-45）和（4-46），可以得到

$$F(t)=\sum_{k=1}^{3}b_k^*(1)b_k(3)\mathrm{e}^{-\mathrm{i}\lambda tE_2^{(k)}}=\left[-\mathrm{i}\sin\left(\frac{\lambda t}{2}\right)\right]^{2} \tag{4-47}$$

(3) 自旋链的格点数 $N=4$ 时，体系哈密顿量矩阵为

$$\boldsymbol{H}_{\mathrm{G}}=\begin{pmatrix}0&J_{23}&0&0&0&0\\J_{23}&0&J_{34}&J_{12}&0&0\\0&J_{34}&0&0&J_{12}&0\\0&J_{12}&0&0&J_{34}&0\\0&0&J_{12}&J_{34}&0&J_{23}\\0&0&0&0&J_{23}&0\end{pmatrix}=\begin{pmatrix}0&2&0&0&0&0\\2&0&\sqrt{3}&\sqrt{3}&0&0\\0&\sqrt{3}&0&0&\sqrt{3}&0\\0&\sqrt{3}&0&0&\sqrt{3}&0\\0&0&\sqrt{3}&\sqrt{3}&0&2\\0&0&0&0&2&0\end{pmatrix}\tag{4-48}$$

对角化的哈密顿量矩阵和相应的幺正变换矩阵分别为

$$\boldsymbol{H}^{\mathrm{diag}}=\begin{pmatrix}E_2^{(1)}&0&0&0&0&0\\0&E_2^{(2)}&0&0&0&0\\0&0&E_2^{(3)}&0&0&0\\0&0&0&E_2^{(4)}&0&0\\0&0&0&0&E_2^{(5)}&0\\0&0&0&0&0&E_2^{(6)}\end{pmatrix}=\begin{pmatrix}-2&0&0&0&0&0\\0&-1&0&0&0&0\\0&0&0&0&0&0\\0&0&0&0&0&0\\0&0&0&0&0&0\\0&0&0&0&1&0\\0&0&0&0&0&2\end{pmatrix}\tag{4-49}$$

和

$$\boldsymbol{U}=\begin{pmatrix}\frac{1}{4}&-\frac{1}{2}&\sqrt{\frac{3}{10}}&-\sqrt{\frac{3}{40}}&-\frac{1}{2}&\frac{1}{4}\\-\frac{2}{4}&\frac{1}{2}&0&0&-\frac{1}{2}&\frac{2}{4}\\\frac{\sqrt{3}}{4}&0&-\frac{2}{\sqrt{10}}&-\frac{3}{\sqrt{40}}&0&\frac{\sqrt{3}}{4}\\\frac{\sqrt{3}}{4}&0&0&\frac{5}{\sqrt{40}}&0&\frac{\sqrt{3}}{4}\\-\frac{2}{4}&-\frac{1}{2}&0&0&\frac{1}{2}&\frac{2}{4}\\\frac{1}{4}&\frac{1}{2}&\sqrt{\frac{3}{10}}&\sqrt{\frac{3}{40}}&\frac{1}{2}&\frac{1}{4}\end{pmatrix}\tag{4-50}$$

从而可以得到态的演化概率幅，即

$$F(t)=\sum_{k=1}^{6}b_k^*(1)b_k(6)\mathrm{e}^{-\mathrm{i}\lambda tE_2^{(k)}}=\left[-\mathrm{i}\sin\left(\frac{\lambda t}{2}\right)\right]^4\tag{4-51}$$

（4）当自旋链的长度 $N=5$ 时，体系哈密顿量

$$\boldsymbol{H}_{\mathrm{G}}=\begin{pmatrix}0 & J_{23} & 0 & 0 & 0 & 0 & 0 & 0 & 0 & 0\\ J_{23} & 0 & J_{34} & 0 & J_{12} & 0 & 0 & 0 & 0 & 0\\ 0 & J_{34} & 0 & J_{45} & 0 & J_{12} & 0 & 0 & 0 & 0\\ 0 & 0 & J_{45} & 0 & 0 & 0 & J_{12} & 0 & 0 & 0\\ 0 & J_{12} & 0 & 0 & 0 & J_{34} & 0 & 0 & 0 & 0\\ 0 & 0 & J_{12} & 0 & J_{34} & 0 & J_{45} & J_{23} & 0 & 0\\ 0 & 0 & 0 & J_{12} & 0 & J_{45} & 0 & 0 & J_{23} & 0\\ 0 & 0 & 0 & 0 & 0 & J_{23} & 0 & 0 & J_{45} & 0\\ 0 & 0 & 0 & 0 & 0 & 0 & J_{23} & J_{45} & 0 & J_{34}\\ 0 & 0 & 0 & 0 & 0 & 0 & 0 & 0 & J_{34} & 0\end{pmatrix}$$

$$=\frac{1}{2}\begin{pmatrix}0 & \sqrt{6} & 0 & 0 & 0 & 0 & 0 & 0 & 0 & 0\\ \sqrt{6} & 0 & \sqrt{6} & 0 & 2 & 0 & 0 & 0 & 0 & 0\\ 0 & \sqrt{6} & 0 & 2 & 0 & 2 & 0 & 0 & 0 & 0\\ 0 & 0 & 2 & 0 & 0 & 0 & 2 & 0 & 0 & 0\\ 0 & 2 & 0 & 0 & 0 & \sqrt{6} & 0 & 0 & 0 & 0\\ 0 & 0 & 2 & 0 & \sqrt{6} & 0 & 2 & \sqrt{6} & 0 & 0\\ 0 & 0 & 0 & 2 & 0 & 2 & 0 & 0 & \sqrt{6} & 0\\ 0 & 0 & 0 & 0 & 0 & \sqrt{6} & 0 & 0 & 2 & 0\\ 0 & 0 & 0 & 0 & 0 & 0 & \sqrt{6} & 2 & 0 & \sqrt{6}\\ 0 & 0 & 0 & 0 & 0 & 0 & 0 & 0 & \sqrt{6} & 0\end{pmatrix} \tag{4-52}$$

对角化的哈密顿矩阵和幺正变换矩阵分别是

$$\boldsymbol{H}^{\mathrm{diag}}=\begin{pmatrix}-3 & 0 & 0 & 0 & 0 & 0 & 0 & 0 & 0 & 0\\ 0 & -2 & 0 & 0 & 0 & 0 & 0 & 0 & 0 & 0\\ 0 & 0 & -1 & 0 & 0 & 0 & 0 & 0 & 0 & 0\\ 0 & 0 & 0 & -1 & 0 & 0 & 0 & 0 & 0 & 0\\ 0 & 0 & 0 & 0 & 0 & 0 & 0 & 0 & 0 & 0\\ 0 & 0 & 0 & 0 & 0 & 0 & 0 & 0 & 0 & 0\\ 0 & 0 & 0 & 0 & 0 & 0 & 1 & 0 & 0 & 0\\ 0 & 0 & 0 & 0 & 0 & 0 & 0 & 1 & 0 & 0\\ 0 & 0 & 0 & 0 & 0 & 0 & 0 & 0 & 2 & 0\\ 0 & 0 & 0 & 0 & 0 & 0 & 0 & 0 & 0 & 3\end{pmatrix} \tag{4-53}$$

和

$$
\boldsymbol{U}=\begin{pmatrix}
\frac{1}{8} & -\frac{\sqrt{3/2}}{4} & \frac{3}{2\sqrt{10}} & -\frac{\sqrt{3/5}}{8} & -\frac{1}{2} & \frac{1}{4} & \frac{3}{2\sqrt{10}} & -\frac{\sqrt{3/5}}{8} & -\frac{\sqrt{3/2}}{4} & \frac{1}{8} \\
-\frac{\sqrt{3/2}}{4} & \frac{1}{2} & -\frac{\sqrt{3/5}}{2} & \frac{1}{4\sqrt{10}} & 0 & 0 & \frac{\sqrt{3/5}}{2} & -\frac{1}{4\sqrt{10}} & -\frac{1}{2} & \frac{\sqrt{3/2}}{4} \\
\frac{3}{8} & -\frac{\sqrt{3/2}}{4} & -\frac{1}{2\sqrt{10}} & -\frac{3\sqrt{3/5}}{8} & \frac{1}{2} & \frac{1}{4} & -\frac{1}{2\sqrt{10}} & -\frac{3\sqrt{3/5}}{8} & -\frac{\sqrt{3/2}}{4} & \frac{3}{8} \\
-\frac{1}{4} & 0 & \frac{1}{\sqrt{10}} & \frac{3\sqrt{3/5}}{4} & 0 & 0 & -\frac{1}{\sqrt{10}} & -\frac{3\sqrt{3/5}}{4} & 0 & \frac{1}{4} \\
\frac{\sqrt{3/2}}{4} & -\frac{1}{4} & 0 & \frac{\sqrt{5/2}}{4} & 0 & -\frac{\sqrt{3/2}}{2} & 0 & \frac{\sqrt{5/2}}{4} & -\frac{1}{4} & \frac{\sqrt{3/2}}{4} \\
-\frac{1}{2} & 0 & \frac{1}{\sqrt{10}} & -\frac{\sqrt{3/5}}{2} & 0 & 0 & -\frac{1}{\sqrt{10}} & \frac{\sqrt{3/5}}{2} & 0 & \frac{1}{2} \\
\frac{3}{8} & \frac{\sqrt{3/2}}{4} & -\frac{1}{2\sqrt{10}} & -\frac{3\sqrt{3/5}}{8} & -\frac{1}{2} & -\frac{1}{4} & -\frac{1}{2\sqrt{10}} & -\frac{3\sqrt{3/5}}{8} & \frac{\sqrt{3/2}}{4} & \frac{3}{8} \\
\frac{\sqrt{3/2}}{4} & \frac{1}{4} & 0 & \frac{\sqrt{5/2}}{4} & 0 & \frac{\sqrt{3/2}}{2} & 0 & \frac{\sqrt{3/2}}{4} & \frac{1}{4} & \frac{\sqrt{3/2}}{4} \\
-\frac{\sqrt{3/2}}{4} & -\frac{1}{2} & -\frac{\sqrt{3/5}}{2} & \frac{1}{4\sqrt{10}} & 0 & 0 & \frac{\sqrt{3/5}}{2} & -\frac{1}{4\sqrt{10}} & \frac{1}{2} & \frac{\sqrt{3/2}}{4} \\
\frac{1}{8} & \frac{\sqrt{3/2}}{4} & \frac{3}{2\sqrt{10}} & -\frac{\sqrt{3/5}}{8} & \frac{1}{2} & -\frac{1}{4} & \frac{3}{2\sqrt{10}} & -\frac{\sqrt{3/5}}{8} & \frac{\sqrt{3/2}}{4} & \frac{1}{8}
\end{pmatrix}
\tag{4-54}
$$

进而可计算出态演化的概率幅为

$$
F(t)=\sum_{k=1}^{10} b_k^*(1)\,b_k(10)\,\mathrm{e}^{-\mathrm{i}\lambda t E_2^{\xi(k)}}=\left[-\mathrm{i}\sin\left(\frac{\lambda t}{2}\right)\right]^6 \tag{4-55}
$$

自旋链的格点数分别为2，3，4，5时，体系状态演化的概率幅分别为式(4-43)、(4-47)、(4-51)、(4-55)，表明随着自旋链格点数的增加，状态演化概率幅仅仅是指数的数字发生了变化。指数分别为0，2，4，6，因而可合理推断对于任意格点数的自旋链而言，二比特量子信息进行传输时，承载信息的自旋链状态演化的概率幅应为

$$
F(t)=\left[-\mathrm{i}\sin\left(\frac{\lambda t}{2}\right)\right]^{2(N-2)} \tag{4-56}
$$

根据量子信息完美传输的要求，信息传输的保真度应为1，考虑到式（4-56），从而得出任意长自旋链上，实现二比特量子信息完美传输的时间条件为

$$t=\frac{\pi}{\lambda}\text{或}\frac{\lambda t}{2}=\pm\frac{\pi}{2}+2n\pi,\ n\text{ 为整数} \tag{4-57}$$

五、任意数比特量子信息的完美传输

上面的讨论分别给出了自旋链上单比特、二比特量子信息传输时，实现信息完美传输的时间条件分别为

$$F(t)=\left[-\mathrm{i}\sin\left(\frac{\lambda t}{2}\right)\right]^{1\cdot(N-1)} \tag{4-58}$$

和

$$F(t)=\left[-\mathrm{i}\sin\left(\frac{\lambda t}{2}\right)\right]^{2\cdot(N-2)} \tag{4-59}$$

与二比特量子信息传输的情形相类似，对于限制在第 $m+1$ 个字空间中的哈密顿量 $\boldsymbol{H}_{\mathrm{G}}$，可以进行任意的 m 比特量子信息的传输，此时可在自旋链的始端制备携带 m 个量子比特的输入信息 $|\psi\rangle=\alpha|00\cdots0\rangle+\beta|11\cdots1_m0\cdots0\rangle$，利用上述方法并对比式（4-58）和（4-59）指数的关系，可以给出 m 比特信息传输的概率幅为

$$F(t)=\left[-\mathrm{i}\sin\left(\frac{\lambda t}{2}\right)\right]^{m(N-m)} \tag{4-60}$$

从而可以得出 m 比特量子信息得以实现完美传输的时间条件为

$$t=\frac{\pi}{\lambda}\text{或}\frac{\lambda t}{2}=\pm\frac{\pi}{2}+2n\pi,\ n\text{ 为整数} \tag{4-61}$$

对比式（4-37）、(4-57)、(4-61）可以发现，尽管不同比特数目量子信息传输的概率幅表达式不同，但能够实现信息完美传输的时间条件是相同的，该时间条件都是仅仅由体系自身的自由动力学演化属性所决定的，且与自旋链上格点的数目没有关系。

第二节　$N=3$ 自旋链上单比特信息完美传输的调控

根据第一节的讨论，无论链的格点数是多少，只要单比特量子信息在自旋

链上的传输时间满足式（4-61），那么就总可以实现信息的完美传输，利用自旋链体系自身的动力学演化过程，制备在链始端 A 的单比特信息 $\alpha|0\rangle+\beta|1\rangle$ 就可以百分之百地传输至链的终端 B。然而，量子短程通信中信息的传输是在量子计算机内部器件之间进行的，根据具体的实际需要，各器件之间信息完美传输的时间未必就一定是相同的［等于式（4-46）所决定的时间］，这个时间应该是可以进行人为调整和控制的。本节将在上节内容的基础上，给格点数为 $N=3$ 的、传输单比特量子信息的自旋链引入一个中心对称方向相反的弱磁场，研究该磁场作用下量子信息的传输所受到的影响，并进一步借助这种弱磁场的影响，讨论如何对单比特信息的完美传输进行人为调控[35]。

一、中心对称方向相反弱磁场的影响

对于传输单比特量子信息的、长度为 $N=3$（格点数等于 3）的自旋链而言，引入一个中心对称方向相反的弱磁场，各格点处磁场方向均沿 z 方向，磁场的磁感应强度取值分别为

$$B_1=-B,\ B_2=0,\ B_3=B \tag{4-62}$$

式中：角标表明了格点序号，1 代表链的始端 A，3 代表链的末端 B；由于是弱磁场，这里的磁感应强度的取值 B 极为微弱。在这样的磁场中，自旋链体系的哈密顿量形式为

$$\boldsymbol{H}_{\mathrm{G}}=\frac{1}{2}\sum_{n=1}^{2}J_{n,\ n+1}(\sigma_n^+\sigma_{n+1}^-+\sigma_n^-\sigma_{n+1}^+)+(B\sigma_1^z+0\sigma_2^z-B\sigma_3^z) \tag{4-63}$$

在以 $\{|\phi(m)\rangle\}=\{|100\rangle,\ |010\rangle,\ |001\rangle\}$ 为基矢量的表象中，三个基矢自身的矩阵形式为

$$|100\rangle=\begin{pmatrix}1\\0\\0\end{pmatrix},\ |010\rangle=\begin{pmatrix}0\\1\\0\end{pmatrix},\ |001\rangle=\begin{pmatrix}0\\0\\1\end{pmatrix} \tag{4-64}$$

进而可以给出该表象下，自旋链体系限制在第二子空间中的哈密顿量算符 $\boldsymbol{H}_{\mathrm{G}}$ 的矩阵形式为

$$\boldsymbol{H}_{\mathrm{G}}=\begin{pmatrix}-B & \frac{\sqrt{2}}{2} & 0\\ \frac{\sqrt{2}}{2} & 0 & \frac{\sqrt{2}}{2}\\ 0 & \frac{\sqrt{2}}{2} & B\end{pmatrix} \tag{4-65}$$

求解式（4-65）的久期方程：

$$\begin{vmatrix} -B-E & \frac{\sqrt{2}}{2} & 0 \\ \frac{\sqrt{2}}{2} & 0-E & \frac{\sqrt{2}}{2} \\ 0 & \frac{\sqrt{2}}{2} & B-E \end{vmatrix}=0 \tag{4-66}$$

得出其本征值分别为

$$E_1=-\sqrt{1+B^2}\text{，}E_2=0\text{，}E_3=\sqrt{1+B^2} \tag{4-67}$$

由于磁感应强度的值 B 极为微弱，这里可以将式（4-67）中各个格点处磁场的取值取至二阶近似，即

$$E_1\approx-\left(1+\frac{1}{2}B^2\right)\text{，}E_2=0\text{，}E_3\approx1+\frac{1}{2}B^2 \tag{4-68}$$

此外，既然磁场极为微弱，那么在一定的近似尺度下，可认为使哈密顿量式（4-65）对角化的幺正矩阵与无磁场时近似相等，从而可以得到对角化的哈密顿矩阵和相应的近似幺正矩阵分别为

$$\boldsymbol{H}^{\text{diag}}=\begin{pmatrix} -\left(1+\frac{1}{2}B^2\right) & 0 & 0 \\ 0 & 0 & 0 \\ 0 & 0 & 1+\frac{1}{2}B^2 \end{pmatrix} \tag{4-69}$$

和

$$\boldsymbol{U}=\begin{pmatrix} \frac{1}{2} & \frac{\sqrt{2}}{2} & \frac{1}{2} \\ -\frac{\sqrt{2}}{2} & 0 & \frac{\sqrt{2}}{2} \\ \frac{1}{2} & -\frac{\sqrt{2}}{2} & \frac{1}{2} \end{pmatrix} \tag{4-70}$$

在 $N=3$ 的自旋链上进行单比特量子信息的传输时，可在链的始端制备形如 $\alpha|0\rangle+\beta|1\rangle$ 的单比特信息态，其中系数已经归一化，此时自旋链体系的整体状态为 $\alpha|000\rangle+\beta|100\rangle$。如前所述，由于 α 项代表了自旋链体系的基态，从而表明信息完美传输最终要实现的状态演化为 $|100\rangle\to|001\rangle$。将式（4-69）和（4-70）代入式（4-21）中，可以得到在这样的弱磁场中，承载单比特量子信息的自旋链体系状态自由演化的概率幅为

$$F(t)=\langle \underline{N}|\mathrm{e}^{-\mathrm{i}\lambda \boldsymbol{H}_{\mathrm{G}}t}|\underline{1}\rangle=\langle 001|\boldsymbol{U}\mathrm{e}^{-\mathrm{i}\lambda t\boldsymbol{H}^{\mathrm{diag}}}\boldsymbol{U}^{\dagger}|100\rangle=\sum_{k=1}^{3}a_k^{*}(1)a_k(3)\mathrm{e}^{-\mathrm{i}\lambda tE_1^k}$$

$$=\left[-\mathrm{i}\sin\frac{\lambda\left(1+\frac{1}{2}B^2\right)t}{2}\right]^2 \tag{4-71}$$

量子信息的完美传输要求信息传输的保真度为 1，也就是要求式（4-71）的模等于 1，进而可以得到，$N=3$ 的自旋链上单比特量子信息实现完美传输的最短时间条件为

$$t=\frac{\pi}{\lambda\left(1+\frac{1}{2}B^2\right)} \tag{4-72}$$

从而表明，如果给自旋链施加关于中心对称方向相反的弱磁场时，实现单比特量子信息完美传输的时间不但与体系自身的动力学演化有关，而且还会受到该磁场的影响，该影响的定量关系由式（4-72）所决定。

二、信息完美传输的量子调控

根据上面的讨论，对于格点数为 3 的自旋链上单比特量子信息的完美传输而言，我们提出了利用这种中心对称方向相反的弱磁场来进行调控的理论方案。

传输单比特量子信息 $\alpha|0\rangle+\beta|1\rangle$ 的自旋链置于弱磁场中，弱磁场的方向沿着 z 轴，近邻格点间磁场的磁感应强度的差值为 B，具体而言各格点处磁感应强度的数值由式（4-62）所决定。由式（4-72）可知，信息完美传输的时间条件不再仅仅由体系自身的物理属性所决定，而是由自旋链体系和近邻格点磁场差值 B 共同来确定。因而可通过改变这个磁场差值 B 的大小，对单比特量子信息完美传输的时间条件进行调控。根据式（4-72），为减小信息完美传输的时间，可增大近邻格点磁场差值 B；反之，为增大信息完美传输的时间，可减小该磁场差值，磁场差值与时间之间具体的量化关系由式（4-72）决定。

关于具体的量子调控，这里讨论并总结以下三点：

（1）首先，能够进行单比特量子信息传输的自旋链放入上述弱磁场中后，单比特量子信息的传输概率幅［式（4-71）］将与磁场产生关联，因而可用该磁场对信息的传输进行调控。

（2）对于量子信息而言，高保真度的传输是信息传输的理想要求，若保真度等于 1，这样的传输称为量子信息的完美传输。上述自旋链中，加入弱磁场后，确保保真度为 1 的传输时间条件，将由自旋链体系和磁场共同决定。

（3）值得注意的是，即便是施加了上述弱磁场，单比特信息完美传输的时间条件仍然与链的长度或者说格点数 N 无关，进而可以预测，无论链有多长，信息完美传输的时间条件都相同，由式（4-72）所决定。

第三节　任意长自旋链上单比特信息完美传输的调控

第二节内容研究了弱磁场对长度为 $N=3$ 的自旋链上单比特量子信息传输的影响，并借助该磁场的影响，提出了借助这种磁场来对该链上单比特量子信息的完美传输进行调控的理论方案。本节将在此基础上，研究其他几种不同长度的自旋链上，弱磁场对单比特量子信息传输的影响，通过对比总结，将其推广至更为一般的任意长度自旋链情形，并进一步讨论如何利用这种磁场对单比特信息的完美传输进行调控[45]。

一、磁场对 $N=4$ 和 $N=5$ 自旋链上单比特信息传输的影响

引入与上一节相类似的中心对称方向相反的弱磁场，当传输单比特量子信息的 Heiseberg-XX 修正型自旋链置于该弱磁场中时，体系的哈密顿量形式为

$$\boldsymbol{H}_{\mathrm{G}}=\frac{1}{2}\sum_{n=1}^{N-1}J_{n,\ n+1}(\sigma_n^+\sigma_{n+1}^-+\sigma_n^-\sigma_{n+1}^+)+\sum_{n=1}^{N}B_n\sigma_n^z \tag{4-73}$$

$N=3$ 时，上一节已经给出各格点的磁场取值如式（4-62）所示；$N=4$ 和 $N=5$ 时，各格点磁场取值形式如下：

$$N=4:\quad B_1=-\frac{3}{2}B,\quad B_2=-\frac{1}{2}B,\quad B_3=\frac{1}{2}B,\quad B_4=\frac{3}{2}B \tag{4-74}$$

$$N=5:\quad B_1=-2B,\quad B_2=-B,\quad B_3=0,\quad B_4=B,\quad B_5=2B \tag{4-75}$$

$N=3$ 时自旋链体系哈密顿算符可参考式（4-63），$N=4$ 和 $N=5$ 时自旋链体系的哈密顿量形式则为

$$\boldsymbol{H}_{\mathrm{G}}^{N=4}=\frac{1}{2}\sum_{n=1}^{3}J_{n,\ n+1}(\sigma_n^+\sigma_{n+1}^-+\sigma_n^-\sigma_{n+1}^+)+\left(-\frac{3}{2}B\sigma_1^z-\frac{1}{2}B\sigma_2^z+\frac{1}{2}B\sigma_3^z+\frac{3}{2}B\sigma_4^z\right) \tag{4-76}$$

$$\boldsymbol{H}_{\mathrm{G}}^{N=5}=\frac{1}{2}\sum_{n=1}^{4}J_{n,\ n+1}(\sigma_n^+\sigma_{n+1}^-+\sigma_n^-\sigma_{n+1}^+)+(-2B\sigma_1^z-B\sigma_2^z+0B\sigma_3^z+B\sigma_4^z+2B\sigma_5^z) \tag{4-77}$$

格点数为 4 和 5 的自旋链，分别选择$\{|\varphi(m)\rangle\}=\{|1000\rangle, |0100\rangle, |0010\rangle, |0001\rangle\}$和$\{|\varphi(m)\rangle\}=\{|100\rangle, |010\rangle, |001\rangle\}$为基矢组所形成的表象，则这两个自旋链体系的哈密顿量矩阵分别为

$$\boldsymbol{H}_{\mathrm{G}}^{N=4}=\begin{pmatrix} -\frac{3}{2}B & \frac{\sqrt{3}}{2} & 0 & 0 \\ \frac{\sqrt{3}}{2} & -\frac{1}{2}B & 1 & 0 \\ 0 & 1 & \frac{1}{2}B & \frac{\sqrt{3}}{2} \\ 0 & 0 & \frac{\sqrt{3}}{2} & \frac{3}{2}B \end{pmatrix}, \boldsymbol{H}_{\mathrm{G}}^{N=5}=\begin{pmatrix} -2B & 1 & 0 & 0 & 0 \\ 1 & -B & \frac{\sqrt{6}}{2} & 0 & 0 \\ 0 & \frac{\sqrt{6}}{2} & 0 & \frac{\sqrt{6}}{2} & 0 \\ 0 & 0 & \frac{\sqrt{6}}{2} & B & 1 \\ 0 & 0 & 0 & 1 & 2B \end{pmatrix}$$

自身表象中的对角化的矩阵分别为

$$\begin{cases} \boldsymbol{H}_{N=4}^{\mathrm{diag}}=\begin{pmatrix} -\frac{3}{2}-\frac{3}{4}B^2 & 0 & 0 & 0 \\ 0 & -\frac{1}{2}-\frac{1}{4}B^2 & 0 & 0 \\ 0 & 0 & \frac{1}{2}+\frac{1}{4}B^2 & 0 \\ 0 & 0 & 0 & \frac{3}{2}+\frac{3}{4}B^2 \end{pmatrix} \\ \boldsymbol{H}_{N=5}^{\mathrm{diag}}=\begin{pmatrix} -(2+B^2) & 0 & 0 & 0 & 0 \\ 0 & -\left(1+\frac{1}{2}B^2\right) & 0 & 0 & 0 \\ 0 & 0 & 0 & 0 & 0 \\ 0 & 0 & 0 & 1+\frac{1}{2}B^2 & 0 \\ 0 & 0 & 0 & 0 & 2+B^2 \end{pmatrix} \end{cases} \tag{4-78}$$

使其幺正变换的幺正矩阵分别为

$$\boldsymbol{U}_{N=4}^{\mathrm{diag}}=\begin{pmatrix}\frac{\sqrt{2}}{4} & \frac{\sqrt{6}}{4} & \frac{\sqrt{6}}{4} & \frac{\sqrt{2}}{4}\\ -\frac{\sqrt{6}}{4} & -\frac{\sqrt{2}}{4} & \frac{\sqrt{2}}{4} & \frac{\sqrt{6}}{4}\\ \frac{\sqrt{6}}{4} & -\frac{\sqrt{2}}{4} & -\frac{\sqrt{2}}{4} & \frac{\sqrt{6}}{4}\\ -\frac{\sqrt{2}}{4} & \frac{\sqrt{6}}{4} & -\frac{\sqrt{6}}{4} & \frac{\sqrt{2}}{4}\end{pmatrix},\quad \boldsymbol{U}_{N=5}^{\mathrm{diag}}=\begin{pmatrix}\frac{1}{4} & \frac{1}{2} & \frac{\sqrt{6}}{4} & \frac{1}{2} & \frac{1}{4}\\ -\frac{1}{2} & -\frac{1}{2} & 0 & \frac{1}{2} & \frac{1}{2}\\ \frac{\sqrt{6}}{4} & 0 & -\frac{1}{2} & 0 & \frac{\sqrt{6}}{4}\\ -\frac{1}{2} & \frac{1}{2} & 0 & -\frac{1}{2} & \frac{1}{2}\\ \frac{1}{4} & -\frac{1}{2} & \frac{\sqrt{6}}{4} & -\frac{1}{2} & \frac{1}{4}\end{pmatrix} \tag{4-79}$$

在自旋链的始端 A 制备形如 $\alpha|0\rangle+\beta|1\rangle$ 的已归一化的单比特量子信息，$N=4$ 和 $N=5$ 自旋链体系的初始状态分别为 $\alpha|0000\rangle+\beta|1000\rangle$ 和 $\alpha|00000\rangle+\beta|10000\rangle$，当信息传输至链的终端 B 时，自旋链体系的末态可分别记为 $\alpha|0000\rangle+\beta(t)|0001\rangle$ 和 $\alpha|00000\rangle+\beta(t)|00001\rangle$，再考虑到上节的相关结论，得出格点数为 $N=3$，4，5 三种自旋链的传输概率幅分别为

$$F_{N=3}(t)=\sum_{k=1}^{3}a_k^*(1)a_k(3)\mathrm{e}^{-\mathrm{i}\lambda tE_1^k}=\left[-\mathrm{i}\sin\frac{\lambda t}{2}\left(1+\frac{1}{2}B^2\right)\right]^2 \tag{4-80}$$

$$F_{N=4}(t)=\sum_{k=1}^{4}a_k^*(1)a_k(4)\mathrm{e}^{-\mathrm{i}\lambda tE_1^k}=\left[-\mathrm{i}\sin\frac{\lambda t}{2}\left(1+\frac{1}{2}B^2\right)\right]^3 \tag{4-81}$$

$$F_{N=5}(t)=\sum_{k=1}^{4}a_k^*(1)a_k(5)\mathrm{e}^{-\mathrm{i}\lambda tE_1^k}=\left[-\mathrm{i}\sin\frac{\lambda t}{2}\left(1+\frac{1}{2}B^2\right)\right]^4 \tag{4-82}$$

式中：$a_k(i)$ 是幺正变换矩阵 U_N^{diag} 相应的矩阵元。对于信息的完美传输而言，要求信息传输的保真度为 1，即

$$|F_N|=1 \tag{4-83}$$

将式（4-80）、（4-81）、（4-82）代入，即可得出单比特量子信息在这三种链上完美传输的时间条件是一致的，均为（考虑最小的一个周期）

$$t=\frac{\pi}{\lambda\left(1+\frac{1}{2}B^2\right)} \tag{4-84}$$

在没有磁场的情形下，自旋链上单比特量子信息的传输由体系的自由动力学演化完成，完美传输的时间条件仅仅取决于体系自身的物理属性，且与链的长度无关；而存在中心对称方向相反的弱磁场时，信息完美传输的时间条件［即式（4-84）］尽管仍然与链的长度无关，但却由体系和弱磁场共同来决定。

二、任意长自旋链上单比特信息完美传输的量子调控

将传输单比特量子信息的任意长自旋链（格点数设为 N）放入弱磁场中，弱磁场沿 z 轴方向，且关于链中心对称，近邻格点间磁场的磁感应强度差值恒定为 B。具体而言，若 N 为奇数，各格点处的磁感应强度取值为

$$B_1=-\frac{N-1}{2}B,\ B_2=\left(-\frac{N-1}{2}-1\right)B,\ \cdots,\ B_{\frac{N+1}{2}}=0,\ \cdots,\ B_N=\frac{N-1}{2}B \tag{4-85}$$

若 N 为偶数，各格点处的磁感应强度取值则为

$$B_1=-\frac{N-1}{2}B,\ B_2=\left(-\frac{N-1}{2}-1\right)B,\ \cdots,\ B_{N-1}=\left(\frac{N-1}{2}+1\right)B,\ B_N=\frac{N-1}{2}B \tag{4-86}$$

根据式（4-80）、（4-81）和（4-82），可以将 $N=3$、$N=4$、$N=5$ 三种情形自旋链上信息态演化的概率幅进行对比，从而归纳得出，当形如 $\alpha|0\rangle+\beta|1\rangle$ 的单比特量子信息制备在式（4-85）或（4-86）所示的磁场中任意长自旋链的始端 A 处时，信息传输至终端 B 处的概率幅应为

$$F_N(t)=\left[-\mathrm{i}\sin\frac{\lambda t}{2}\left(1+\frac{1}{2}B^2\right)\right]^{N-1} \tag{4-87}$$

信息完美传输的保真度为 1，从而给出时间条件应为

$$t=\frac{\pi}{\lambda\left(1+\frac{1}{2}B^2\right)} \tag{4-88}$$

式中：近邻格点之间磁感应强度的差值 B 发挥了至关重要的作用。

式（4-88）表明，在任意长度的自旋链上，单比特量子信息传输的时间条件也不再仅仅依赖于链自身，而是还要与外加的弱磁场有关。信息得以实现完美传输的时间将随着近邻格点间磁感应强度差值 B 的减小而增大，随 B 的增大而减小。因而也可以利用通过改变磁场的方式，来对单比特量子信息完美传输的时间条件进行人为调控，该时间条件随磁感应强度差值 B 具体的量化调控关系由式（4-88）所决定。

总结而言：

（1）在 $N=3$、$N=4$、$N=5$ 三种情形的自旋链上，单比特量子信息完美传输的时间会依赖于外加的弱磁场；

（2）通过比较这三种自旋链上弱磁场的影响，发现三种自旋链上信息传输的概率幅类似，不同之处在于公式中指数不同，但规律性较为明显，进而将这种磁场的影响推广至了任意长自旋链（格点数设为 N）的情形；

（3）基于弱磁场对信息完美传输的影响，我们提出了利用该弱磁场实现

单比特量子信息完美传输调控的理论方案，利用该方案，可以根据实际需要，通过改变弱磁场近邻格点之间的差值 B，来调控信息完美传输的时间。

第四节 $N=3$ 自旋链上二比特信息完美传输的调控

前面两节内容首先讨论了 $N=3$、$N=4$、$N=5$ 的自旋链上，单比特量子信息完美传输的量子调控，并将其推广至任意格点数的自旋链上。本节内容以此为基础，研究长度为 $N=3$ 的自旋链上，二比特量子信息完美传输受到中心对称、近邻格点差值恒定为 $B/2$ 的弱磁场的影响；并进一步研究如何利用该弱磁场，对 $N=3$ 的自旋链上二比特量子信息的完美传输进行量子调控[41]。

一、弱磁场对二比特信息传输的影响

将传输二比特量子信息的自旋链，置于一个空间分布随格点逐差排列且不随时间变化的弱磁场中，设磁场方向沿着自旋 z 方向，则经修正的 Heisenberg-XX 模型自旋链体系的哈密顿量增加了一项磁场作用项，为

$$\boldsymbol{H}_{\mathrm{G}}=\frac{1}{2}\sum_{n=1}^{2}J_{n,\ n+1}(\sigma_n^+\sigma_{n+1}^-+\sigma_n^-\sigma_{n+1}^+)+\sum_{n=1}^{3}B_n\sigma_n^z \tag{4-89}$$

具体而言，设定弱磁场方向沿 z 轴的同时，其大小沿格点逐差变化值为 $B/2$，且各格点磁场取值的大小关于链中心对称，即自旋链各格点处的磁场值分别为

$$B_1=-\frac{B}{2},\ B_2=0,\ B_3=\frac{B}{2} \tag{4-90}$$

相应地，式（4-89）所示链的哈密顿量的具体形式为

$$\boldsymbol{H}_{\mathrm{G}}=\left[\frac{1}{2}\sum_{n=1}^{2}J_{n,\ n+1}(\sigma_n^+\sigma_{n+1}^-+\sigma_n^-\sigma_{n+1}^+)\right]+\left(-\frac{B}{2}\sigma_1^z+0\sigma_2^z+\frac{B}{2}\sigma_3^z\right) \tag{4-91}$$

需要注意的是，本节内容主要讨论格点数为 3 的自旋链，因而这里的 N 直接选为 3。

在进行二比特量子信息传输时，可在自旋链的一端制备二比特量子信息 $\alpha|00\rangle+\beta|11\rangle$，这里 $|\alpha|^2+|\beta|^2=1$，即初始信息态已归一化，此时整个自旋链体系的状态为

$$|\Psi(0)\rangle=\alpha|0_{\mathrm{A}}\,00_{\mathrm{B}}\rangle+\beta|1_{\mathrm{A}}\,10_{\mathrm{B}}\rangle \tag{4-92}$$

二比特量子信息传输的目的是将初态信息 $\alpha|00\rangle+\beta|11\rangle$，经过一定的时间从链的始端 A 传输至终端 B，完美传输则是要求在传输的过程中信息的保真度取最大值 1，从而使得体系状态变为

$$|\Phi\rangle=\alpha|0_A\,00_B\rangle+\beta|0_A\,11_B\rangle \tag{4-93}$$

由于 $|0_A\,00_B\rangle$ 是自旋链体系哈密顿量算符零本征值的本征态，因而在演化算符的作用下 α 项不会改变，那么在信息传输的过程中，确定保真度的演化概率幅仅仅决定于 β 项的演化。

对于二比特量子信息传输而言，自旋链体系的哈密顿量被限制在其第三子空间中，该空间是由自旋链所有第二激发态作为基矢而张成的。第二激发态由自旋链上两个格点的自旋向上而其他格点自旋向下的状态形成的，对于 N=3 的自旋链而言，这样的状态共有 $C_3^2=3$ 个，分别是 $|110\rangle$、$|101\rangle$ 和 $|011\rangle$，以它们为基矢所张成的三维空间中，基矢自身的矩阵形式为

$$|110\rangle=\begin{pmatrix}1\\0\\0\end{pmatrix},\quad |101\rangle=\begin{pmatrix}0\\1\\0\end{pmatrix},\quad |011\rangle=\begin{pmatrix}0\\0\\1\end{pmatrix} \tag{4-94}$$

从而可得式（4-91）所示哈密顿量的矩阵形式为

$$\boldsymbol{H}_G=\begin{pmatrix}-B & \frac{\sqrt{2}}{2} & 0\\ \frac{\sqrt{2}}{2} & 0 & \frac{\sqrt{2}}{2}\\ 0 & \frac{\sqrt{2}}{2} & B\end{pmatrix} \tag{4-95}$$

根据前面的讨论，信息传输的概率幅可由下式决定：

$$\begin{aligned}F(t) &= \langle 0_A\,11_B \mid \exp\ \{-i\lambda \boldsymbol{H}_G t\}\ \mid 1_A\,10_B\rangle\\ &= \langle 0_A\,11_B \mid \boldsymbol{U}\exp\ \{-i\lambda \boldsymbol{H}^{\mathrm{diag}} t\}\ \boldsymbol{U}^\dagger \mid 1_A\,10_B\rangle\end{aligned} \tag{4-96}$$

式中：$\boldsymbol{H}^{\mathrm{diag}}$ 是 $\boldsymbol{H}_G$ 在其自身表象下的对角矩阵，二者之间满足幺正变换关系式：

$$\boldsymbol{H}_G=\boldsymbol{U}\boldsymbol{H}^{\mathrm{diag}}\boldsymbol{U}^\dagger \tag{4-97}$$

从而可以得出信息传输的概率幅可以表示为

$$F(t)=\sum_{k=1}^{3} b_k^*(1)\,b_k(3)\,e^{-i\lambda E^{(k)}t} \tag{4-98}$$

式中：$b_k(i)$，$i=1, 2, 3$ 是幺正变换矩阵 $\boldsymbol{U}$ 的第 i 行第 k 列的矩阵元，$b_k^*(i)$ 是矩阵元 $b_k(i)$ 的复共轭；$E^{(k)}$ 为哈密顿量 $\boldsymbol{H}_G$ 在第三子空间中的第 k 个能级，亦即三维对角矩阵 $\boldsymbol{H}^{\mathrm{diag}}$ 的第 k 列的非零矩阵元。式（4-95）所示哈密顿量算符 $\boldsymbol{H}_G$ 的本征值为

$$E_1=-\sqrt{1+B^2},\quad E_2=0,\quad E_3=\sqrt{1+B^2} \tag{4-99}$$

从而可以得到

$$\boldsymbol{H}^{\text{diag}}=\begin{pmatrix}-\sqrt{1+B^2} & 0 & 0\\ 0 & 0 & 0\\ 0 & 0 & \sqrt{1+B^2}\end{pmatrix} \tag{4-100}$$

这里与单比特情形相类似的是，由于所加的磁场为弱磁场，表现为式（4-90）中各个格点处磁场数值极小，即 $B/2$ 或 B 为极小值，因而在进行进一步计算时，可近似采用无磁场时体系哈密顿量对角化的幺正变换矩阵：

$$\boldsymbol{U}=\begin{pmatrix}b_1(1) & b_2(1) & b_3(1)\\ b_1(2) & b_2(2) & b_3(2)\\ b_1(3) & b_2(3) & b_3(3)\end{pmatrix}=\begin{pmatrix}\frac{1}{2} & -\frac{\sqrt{2}}{2} & \frac{1}{2}\\ -\frac{\sqrt{2}}{2} & 0 & \frac{\sqrt{2}}{2}\\ \frac{1}{2} & \frac{\sqrt{2}}{2} & \frac{1}{2}\end{pmatrix} \tag{4-101}$$

联立式（4-98）、（4-100）和（4-101）可以得到，二比特量子信息传输的概率幅为

$$F(t)=\left[-\mathrm{i}\sin\frac{\lambda t\sqrt{1+B^2}}{2}\right]^2 \tag{4-102}$$

要实现此演化过程中二比特量子信息的完美传输，即使得信息传输的保真度保持为 1，需要使得态演化的概率为 1，即 $|F_N(t)|=1$，利用式（4-102）可以得出，在 $N=3$ 的自旋链上实现二比特量子信息完美传输的时间条件为

$$t=\frac{\pi}{\lambda\sqrt{1+B^2}} \tag{4-103}$$

式（4-103）表明，磁场中自旋链上二比特信息完美传输的时间条件虽然仍与链的长度无关，但却并非仅仅决定于体系自身的物理属性，而是由系统和所设定的磁场共同决定的。

二、弱磁场对二比特信息完美传输的调控

上面的研究表明，对于长度为 $N=3$ 的自旋链而言，引入了方向沿 z 轴（关于自旋链中心对称）、大小沿格点逐差变化为恒定值 $B/2$ 的弱磁场，各格点处磁场数值如式（4-90）所示。若在其一端制备形如 $\alpha|00\rangle+\beta|11\rangle$ 的二比特量子信息，将其传输至链的另一端时，体系状态演化的概率幅如式（4-102）所示，满足保真度为 1 的完美传输的时间条件如式（4-103）所示。

结合式（4-102）和（4-103），并与无磁场时的传输概率幅式（4-47）和传输时间条件式（4-57）（有磁场时仅仅选择了一个最小周期的时间）相比较可得，对于长度为 $N=3$ 的自旋链而言，如果给其加上一个关于中心对称、大小沿格点逐差变化为恒定值 $B/2$ 的弱磁场，磁场对二比特量子信息的传输概率起着决定性的作用，实现完美传输的时间将不再仅仅取决于体系自身的物理属性，还由外磁场的性质所决定，该传输概率将随近邻格点磁场间隔 $B/2$ 的增大而减小，随近邻格点磁场间隔 $B/2$ 的减小而增大。

利用这种特定弱磁场的影响，可以将传输二比特量子信息的自旋链置于这种磁场中，以式（4-102）和（4-103）的理论计算结果为依据，通过改变近邻格点磁场差值 $B/2$ 的大小来进行信息完美传输的量子调控，根据需要来调整实现量子信息完美传输的时间。

（1）为使二比特量子信息完美传输的时间降低，可使其中 B 的数值变大，即增加近邻格点之间磁场差值 $B/2$ 的大小；

（2）反之，为使二比特量子信息完美传输的时间增加，可使其中 B 的数值减小，即降低近邻格点之间磁场差值 $B/2$ 的大小。

（3）至于增大或降低磁场差值 $B/2$ 大小的量化数值，可由式（4-103）所决定。

本节内容将传输二比特量子信息的自旋链置于关于链中心对称、大小沿格点逐差变化为恒定值 $B/2$ 的弱磁场中，讨论了这种磁场对长度为 $N=3$ 的自旋链上二比特量子信息完美传输的影响；并以此为基础，得出可以借助近邻格点间隔恒定、关于中心对称的弱磁场，实现 $N=3$ 的自旋链上二比特量子信息完美传输的量子调控。

第五节　二比特信息在任意长自旋链上完美传输的调控

第四节我们利用近邻格点磁感应强度差值为 $B/2$ 且中心对称的弱磁场，在格点数 $N=3$ 的自旋链上，实现了二比特量子信息完美传输的量子调控。在此基础上，本节将讨论 $N=4$、$N=5$ 乃至任意格点数的自旋链上，近邻格点磁感应强度差值恒定、关于链中心对称的弱磁场，对二比特量子信息的传输所产生的影响，并基于该磁场的影响进一步提出量子信息完美传输的调控方案[31]。

一、$N=4$ 自旋链上弱磁场的影响

对于格点数为任意值 N、经修正的 Heisenberg-XX 型自旋链，在其一端的二比特量子信息向链的另一端进行传输时，实现完美传输的条件仅仅取决于时间条件 $t=\pi/\lambda$（最小周期）。其中，t 是完美传输所需要的时间，λ 是为平衡量纲而引入的常数。只要该条件得以满足，无论自旋链格点数是多少，信息总可以实现保真度为 100%的完美传输。

基于 $N=3$ 的研究，这里讨论几种不同格点数自旋链的情形，首先研究 $N=4$的自旋链。与 $N=3$ 的情况相类似，在 $N=4$ 的自旋链上引入沿自旋 z 轴方向、随格点磁感应强度逐差大小为 $B/2$ 的对称弱磁场。为保证是弱磁场，要求 B 的取值至少要比 1 小 1 个量级。在 $N=4$ 自旋链上的每一个格点处，磁感应强度的具体取值分别为

$$B_1=-\frac{3B}{4},\ B_2=-\frac{B}{4},\ B_3=\frac{B}{4},\ B_4=\frac{3B}{4} \tag{4-104}$$

则自旋链体系的哈密顿量为

$$\boldsymbol{H}_{\mathrm{G}}=\left[\frac{1}{2}\sum_{n=1}^{3}J_{n,\ n+1}(\sigma_n^+\sigma_{n+1}^- + \sigma_n^-\sigma_{n+1}^+)\right]+\left(-\frac{3B}{4}\sigma_1^z-\frac{B}{4}\sigma_2^z+\frac{B}{4}\sigma_3^z+\frac{3B}{4}\sigma_4^z\right) \tag{4-105}$$

与前面所讲到的自旋链相同，$J_{n,n+1}=\sqrt{n\ (N-n)}$是两相邻格点之间的相互作用强度；各种 σ 算符的下角标表示格点的标号，表明该算符只对该格点作用。在自旋链的一端输入已归一化的二比特量子信息态 $\alpha|00\rangle+\beta|11\rangle$，则自旋链体系的初始状态可表示为 $\alpha|0000\rangle+\beta|1100\rangle$，其中 $|1\rangle$ 表示格点处自旋向上，$|0\rangle$ 表示自旋向下。信息的完美传输要求将该信息 100%地传输至链的另一端，即将携带信息的初态 $\alpha|0000\rangle+\beta|1100\rangle$ 无亏损地演化成为 $\alpha|0000\rangle+\beta|0011\rangle$。由于 $|0000\rangle$ 是体系哈密顿量零本征值的本征态，因而体系状态演化的过程中 α 项不会发生变化，从而为保证保真度为 100%，此处要求输入的二比特量子信息的第二项应由 $|1100\rangle$ 完全演化为 $|0011\rangle$，也就是要求保证该项演化概率幅的模为 1，即

$$|F_{N=4}(t)|=|\langle 0011|\ \exp\ \{-\mathrm{i}\lambda\boldsymbol{H}_{\mathrm{G}}t\}\ |1100\rangle|=1 \tag{4-106}$$

式中：$\exp\ \{-\mathrm{i}\lambda\boldsymbol{H}_{\mathrm{G}}t\}$ 是初始状态随时间演化的算子；λ 是为了平衡量纲而引入的常数，不失一般性，可以选择 $\lambda=1/\hbar$，$\hbar$ 是普朗克常量。

对于 $N=4$ 的自旋链而言，两个格点自旋向上、其他自旋向下的状态共有 6 个，分别是 $|1100\rangle$、$|1010\rangle$、$|1001\rangle$、$|0110\rangle$、$|0101\rangle$ 和 $|0011\rangle$，在这 6 个态为基矢的希尔伯特空间中，磁场中自旋链的哈密顿量算符式［式（4-105）］

的矩阵形式为

$$
\boldsymbol{H}_{\mathrm{G}}^{N=4}=\begin{pmatrix}
-2B & 1 & 0 & 0 & 0 & 0 \\
1 & -B & \frac{\sqrt{3}}{2} & \frac{\sqrt{3}}{2} & 0 & 0 \\
0 & \frac{\sqrt{3}}{2} & 0 & 0 & \frac{\sqrt{3}}{2} & 0 \\
0 & \frac{\sqrt{3}}{2} & 0 & 0 & \frac{\sqrt{3}}{2} & 0 \\
0 & 0 & \frac{\sqrt{3}}{2} & \frac{\sqrt{3}}{2} & B & 1 \\
0 & 0 & 0 & 0 & 1 & 2B
\end{pmatrix} \tag{4-107}
$$

通过解久期方程可得本征值，并进一步得到对角化的哈密顿量形式：

$$
\boldsymbol{H}_{N=4}^{\mathrm{diag}}=\begin{pmatrix}
-2\sqrt{1+B^2} & 0 & 0 & 0 & 0 & 0 \\
0 & -\sqrt{1+B^2} & 0 & 0 & 0 & 0 \\
0 & 0 & 0 & 0 & 0 & 0 \\
0 & 0 & 0 & 0 & 0 & 0 \\
0 & 0 & 0 & 0 & \sqrt{1+B^2} & 0 \\
0 & 0 & 0 & 0 & 0 & 2\sqrt{1+B^2}
\end{pmatrix} \tag{4-108}
$$

式中：对角元即为哈密顿算符的本征值。由于此处所施加的磁场为弱磁场，因而可近似用无磁场时的幺正变换矩阵来代替有磁场的情形，即可近似认为有无磁场时幺正变换矩阵相等，即

$$
\boldsymbol{U}_{N=4}^{B}\approx\boldsymbol{U}_{N=4}=\begin{pmatrix}
\frac{1}{4} & -\frac{1}{2} & \sqrt{3/10} & -\sqrt{3/40} & -\frac{1}{2} & \frac{1}{4} \\
-\frac{2}{4} & \frac{1}{2} & 0 & 0 & -\frac{1}{2} & \frac{2}{4} \\
\frac{\sqrt{3}}{4} & 0 & -2/\sqrt{10} & -3/\sqrt{40} & 0 & \frac{\sqrt{3}}{4} \\
\frac{\sqrt{3}}{4} & 0 & 0 & 5/\sqrt{40} & 0 & \frac{\sqrt{3}}{4} \\
-\frac{2}{4} & -\frac{1}{2} & 0 & 0 & \frac{1}{2} & \frac{2}{4} \\
\frac{1}{4} & \frac{1}{2} & \sqrt{3/10} & -\sqrt{3/40} & \frac{1}{2} & \frac{1}{4}
\end{pmatrix} \tag{4-109}
$$

需要注意的是，只有当磁场微弱时才可以用式（4-109）进行近似处理。对于量子短程通信而言，量子信息传输局限在量子计算机内部相关器件之间进行，因而可以在信息传输的信道上设置如式（4-104）所示的微观尺度的磁场，而微观尺度的磁场足够微弱，即表明此处所做的近似是成立的。由式（4-106）可知，能否实现信息完美传输的演化概率幅取决于

$$
\begin{aligned}
F_{N=4}(t) &= \langle 0011 | \exp\{-\mathrm{i}\lambda \boldsymbol{H}_{\mathrm{G}} t\} | 1100 \rangle \\
&= \langle 0011 | \boldsymbol{U}_{N=4} \mathrm{e}^{-\mathrm{i}\lambda \boldsymbol{H}_{\mathrm{G}} t} \boldsymbol{U}_{N=4}^{\dagger} | 1100 \rangle = \sum_{k=1}^{6} b_k^*(1)\, b_k(6)\, \mathrm{e}^{-\mathrm{i}\lambda E^{(k)} t}
\end{aligned}
\tag{4-110}
$$

式中：$b_k^*(1)$ 为式（4-109）所示的对角化矩阵第 1 行第 k 列矩阵元的复共轭；$b_k(6)$ 为其第 6 行第 k 列矩阵元；$E^{(k)}$ 是哈密顿算符式（4-107）或者（4-108）的第 k 个能级，具体取值即为式（4-108）的对角元。将式（4-108）和（4-109）的数据代入式（4-110）得

$$
F_{N=4}(t) = \left[-\mathrm{i}\sin \frac{\lambda t \sqrt{1+B^2}}{2} \right]^4 \tag{4-111}
$$

式（4-111）表明，与存在弱磁场时 $N=3$ 的自旋链情形相类似，此时状态演化的概率幅与外加磁场密切相关。根据信息完美传输的要求 $|F(t)|=1$，可给出存在如式（4-104）所示的弱磁场时，$N=4$ 的自旋链上二比特量子信息完美传输的时间条件为

$$
t = \frac{\pi}{\lambda \sqrt{1+B^2}} \tag{4-112}
$$

显然，与 $N=3$ 的自旋链情形相类似，当存在这种特定的外加弱磁场时，完美传输的时间条件将受到磁场在近邻格点间磁感应强度差值的限制。

二、$N=5$ 自旋链上弱磁场的影响

下面进一步讨论 $N=5$ 的自旋链。$N=5$ 时，同样引入近邻格点磁感应强度差值为 $B/2$ 的中心对称弱磁场，各格点处磁感应强度取值分别为

$$
B_1 = -B,\ B_2 = -\frac{B}{2},\ B_3 = 0,\ B_4 = \frac{B}{2},\ B_5 = B \tag{4-113}
$$

体系的哈密顿量为

$$
\boldsymbol{H}_{\mathrm{G}} = \left[\frac{1}{2} \sum_{n=1}^{3} J_{n,\,n+1} (\sigma_n^+ \sigma_{n+1}^- + \sigma_n^- \sigma_{n+1}^+) \right] + \left(-B\sigma_1^z - \frac{B}{2}\sigma_2^z + 0\sigma_3^z + \frac{B}{2}\sigma_4^z + B\sigma_5^z \right) \tag{4-114}
$$

在 $|11000\rangle$、$|10100\rangle$、$|10010\rangle$、$|10001\rangle$、$|01100\rangle$、$|01010\rangle$、$|01001\rangle$、$|00110\rangle$、$|00101\rangle$ 和 $|00011\rangle$ 作为基矢的 Hilbert 空间中，哈密顿量的矩阵形

式及其对角化的矩阵形式分别为

$$
\boldsymbol{H}_{\mathrm{G}}^{N=5}=\begin{pmatrix}
-3B & \frac{\sqrt{6}}{2} & 0 & 0 & 0 & 0 & 0 & 0 & 0 & 0\\
\frac{\sqrt{6}}{2} & -2B & \frac{\sqrt{6}}{2} & 0 & 1 & 0 & 0 & 0 & 0 & 0\\
0 & \frac{\sqrt{6}}{2} & -B & 1 & 0 & 0 & 0 & 0 & 0 & 0\\
0 & 0 & 1 & 0 & 0 & 0 & 1 & 0 & 0 & 0\\
0 & 1 & 0 & 0 & -B & \frac{\sqrt{6}}{2} & 0 & 0 & 0 & 0\\
0 & 0 & 1 & 0 & \frac{\sqrt{6}}{2} & 0 & 1 & \frac{\sqrt{6}}{2} & 0 & 0\\
0 & 0 & 0 & 1 & 0 & 1 & B & 0 & \frac{\sqrt{6}}{2} & 0\\
0 & 0 & 0 & 0 & 0 & \frac{\sqrt{6}}{2} & 0 & B & 1 & 0\\
0 & 0 & 0 & 0 & 0 & 0 & \frac{\sqrt{6}}{2} & 1 & 2B & \frac{\sqrt{6}}{2}\\
0 & 0 & 0 & 0 & 0 & 0 & 0 & 0 & \frac{\sqrt{6}}{2} & 3B
\end{pmatrix} \tag{4-115}
$$

和

$$
\boldsymbol{H}_{N=5}^{\mathrm{diag}}=\begin{pmatrix}
-3\sqrt{1+B^2} & 0 & 0 & 0 & 0 & 0 & 0 & 0 & 0 & 0\\
0 & -2\sqrt{1+B^2} & 0 & 0 & 0 & 0 & 0 & 0 & 0 & 0\\
0 & 0 & -\sqrt{1+B^2} & 0 & 0 & 0 & 0 & 0 & 0 & 0\\
0 & 0 & 0 & -\sqrt{1+B^2} & 0 & 0 & 0 & 0 & 0 & 0\\
0 & 0 & 0 & 0 & 0 & 0 & 0 & 0 & 0 & 0\\
0 & 0 & 0 & 0 & 0 & 0 & 0 & 0 & 0 & 0\\
0 & 0 & 0 & 0 & 0 & 0 & \sqrt{1+B^2} & 0 & 0 & 0\\
0 & 0 & 0 & 0 & 0 & 0 & 0 & \sqrt{1+B^2} & 0 & 0\\
0 & 0 & 0 & 0 & 0 & 0 & 0 & 0 & 2\sqrt{1+B^2} & 0\\
0 & 0 & 0 & 0 & 0 & 0 & 0 & 0 & 0 & 3\sqrt{1+B^2}
\end{pmatrix} \tag{4-116}
$$

同样，由于施加的磁场为弱磁场，哈密顿算符对角化的幺正矩阵可近似地选作与无磁场时的形式相同，即

$$U_{N=5}^{B}\approx U_{N=5}=\begin{pmatrix}
1/8 & -\sqrt{3/2}/4 & 3/2\sqrt{10} & -\sqrt{3/5}/8 & -1/2 & 1/4 & 3/2\sqrt{10} & -\sqrt{3/5}/8 & -\sqrt{3/2}/4 & 1/8 \\
-\sqrt{3/2}/4 & -1/2 & -\sqrt{3/5}/2 & 1/(4\sqrt{10}) & 0 & 0 & \sqrt{3/5}/2 & -1/(4\sqrt{10}) & -1/2 & \sqrt{3/2}/4 \\
3/8 & -\sqrt{3/2}/4 & -1/(2\sqrt{10}) & -(3\sqrt{3/5})/8 & 1/2 & 1/4 & -1/(2\sqrt{10}) & -(3\sqrt{3/5})/8 & -\sqrt{3/2}/4 & 3/8 \\
-1/4 & 0 & 1/\sqrt{10} & (3\sqrt{3/5})/4 & 0 & 0 & -1/\sqrt{10} & -(3\sqrt{3/5})/4 & 0 & 1/4 \\
\sqrt{3/2}/4 & -1/4 & 0 & \sqrt{5/2}/4 & 0 & -\sqrt{3/2}/2 & 0 & \sqrt{5/2}/4 & -1/4 & \sqrt{3/2}/4 \\
-1/2 & 0 & 1/\sqrt{10} & -\sqrt{3/5}/2 & 0 & 0 & -1/\sqrt{10} & \sqrt{3/5}/2 & 0 & 1/2 \\
3/8 & \sqrt{3/2}/4 & -1/(2\sqrt{10}) & -(3\sqrt{3/5})/8 & -1/2 & -1/4 & -1/(2\sqrt{10}) & -(3\sqrt{3/5})/8 & \sqrt{3/2}/4 & 3/8 \\
\sqrt{3/2}/4 & 1/4 & 0 & \sqrt{5/2}/4 & 0 & \sqrt{3/2}/2 & 0 & \sqrt{5/2}/4 & 1/4 & \sqrt{3/2}/4 \\
-\sqrt{3/2}/4 & -1/2 & -\sqrt{3/5}/2 & 1/(4\sqrt{10}) & 0 & 0 & \sqrt{3/5}/2 & -1/(4\sqrt{10}) & 1/2 & \sqrt{3/2}/4 \\
1/8 & \sqrt{3/2}/4 & 3/2\sqrt{10} & -\sqrt{3/5}/8 & 1/2 & -1/4 & 3/2\sqrt{10} & -\sqrt{3/5}/8 & \sqrt{3/2}/4 & 1/8
\end{pmatrix} \tag{4-117}$$

与 $N=4$ 的情况类似，此处近似处理对于量子短程通信是成立的。参考式（4-110）可得出，格点数为 $N=5$ 的自旋链上，二比特量子信息中的 $|11000\rangle$ 演化至末态 $|00011\rangle$ 的概率幅为

$$F_{N=5}(t)=\left[-\mathrm{i}\sin\frac{\lambda t\sqrt{1+B^2}}{2}\right]^6 \tag{4-118}$$

实现信息的完美传输即要求上式的模为 1，从而可得到与 $N=3$、$N=4$ 一样的结果［见式（4-112）］。

三、任意格点数自旋链上弱磁场的影响

以 $N=4$ 和 $N=5$ 的研究为依据，结合 $N=3$ 自旋链的情形，讨论二比特量子信息在任意格点数的自旋链上完美传输时，近邻格点磁感应强度差值为 $B/2$ 的中心对称弱磁场所产生的影响。

首先需要说明的是，对于二比特量子信息传输而言，$N=2$ 的自旋链是一种特殊的情况，形如 $\alpha|00\rangle+\beta|11\rangle$ 的二比特量子信息，无论有无磁场，都可以实现完美传输，演化的概率幅为

$$F_{N=2}(t)=1=\left[-\mathrm{i}\sin\frac{\lambda t\sqrt{1+B^2}}{2}\right]^0 \tag{4-119}$$

$N=3$ 时，在这种磁场的影响下，二比特信息由 $\alpha|000\rangle+\beta|110\rangle$ 演化至末态 $\alpha|000\rangle+\beta|011\rangle$ 的概率幅为

$$F_{N=3}(t)=\left[-\mathrm{i}\sin\frac{\lambda t\sqrt{1+B^2}}{2}\right]^2 \tag{4-120}$$

将式（4-119）、（4-120）分别与式（4-111）、（4-118）进行对比，发

现 $N=2$，3，4，5 时，概率幅的形式都包含式（4-120）所示的中括号内的部分，仅指数随 N 的取值不同而变化。指数的变化规律为：$N=2$ 时，指数为 0；N 每增加 1，指数增加 2。将该规律进行一般性推广：在弱磁场作用下，任意格点数 N 的自旋链上，二比特量子信息完美传输的概率幅为

$$F_N(t)=\left[-\mathrm{i}\sin\frac{\lambda t\sqrt{1+B^2}}{2}\right]^{2(N-2)} \tag{4-121}$$

此时，在第 n 个格点处磁感应强度的取值形式为

$$B_n=\left[-\frac{N-1}{4}+(n-1)\frac{1}{2}\right]B \tag{4-122}$$

借助数学归纳法可对式（4-121）的正确性做一个简单的证明。首先，自旋链取格点数最小值 $N=2$ 时，$F_2(t)=1$，参考式（4-119）可知式（4-121）成立。其次，假设式（4-121）对于任意的 N 成立，那么当 N 取 $N+1$ 时，根据式（4-121）有

$$F_{N+1}(t)=\left[-\mathrm{i}\sin\frac{\lambda t\sqrt{1+B^2}}{2}\right]^{2(N+1-2)}=\left[-\mathrm{i}\sin\frac{\lambda t\sqrt{1+B^2}}{2}\right]^{2(N-2)+2} \tag{4-123}$$

即 N 取 $N+1$ 时，概率幅中的指数相较于 N 取 N 时增加了数值 2，正好符合前面的要求，从而说明 N 取 $N+1$ 时也成立，式（4-121）得证。

需要注意的是，得到结论式（4-121）的关键是所施加的磁场非常弱，从而近似地用无磁场时的幺正矩阵代替了存在磁场时的形式。这样做的主要依据为，弱磁场下体系的哈密顿矩阵与无磁场时相比相差极小。如 $N=4$ 和 $N=5$ 时，无磁场体系的哈密顿矩阵分别是式（4-107）和（4-115）中，第一个对角矩阵元均取 0 的形式，由于 B 的取值非常小，所以存在弱磁场时哈密顿量矩阵只是在无磁场形式的基础上做了一个微弱的修正。结合 $N=3$，4，5 的情况可以发现，哈密顿矩阵左上角和右下角的对角元的数值（即对角元绝对值的最大值），随着自旋链格点数 N 的增大而增大，当增大到一定程度时，有无磁场的哈密顿矩阵差别明显，近似方法将不再成立。因此，此处的近似方法仅适用于 N 值较小的情形，也就是说从 $N=2$，3，4，5 向任意的 N 推广时，N 的取值不能太大，一般而言不能超过 10^2。此外，根据式（4-122），弱磁场下哈密顿矩阵中对角元的最大值为 $B_N=\dfrac{N-1}{4}B$，为了保证近似方法成立，B_N 的取值至少要比 1 小 1 个量级，此时 B 可以控制在 10^{-3}T 之内，从而保证弱磁场的影响能够产生足够好的效果。

由式（4-121）可知，进行 $|F_N(t)|=1$ 完美传输的时间条件为

$$t=\frac{\pi}{\lambda\sqrt{1+B^2}} \tag{4-124}$$

从而可以得到两点结论：

（1）尽管信息传输的概率幅随自旋链的格点数不同，按照式（4-121）有规律地进行变化，但实现完美传输的时间条件［式（4-124）］与格点数无关；

（2）一旦加入这种磁场后，将改变信息传输的机制，磁场的存在对于信息能否实现完美传输起到关键性的作用。

四、弱磁场对二比特量子信息完美传输的调控

根据上述研究可知，当形如 $\alpha|00\rangle+\beta|11\rangle$ 的二比特量子信息在自旋链上进行传输时，若施加 1 个近邻格点间磁感应强度差值为 $B/2$ 的弱磁场，信息完美传输的时间条件将不再仅仅取决于体系自身，而是由弱磁场和体系共同决定。因而，可以通过调节 $B/2$ 来调控二比特量子信息完美传输的时间条件。需要注意的是，根据式（4-124），即使存在这样的弱磁场，信息完美传输的时间条件仍然与链上所包含的格点数无关。具体的调控理论是：

（1）由式（4-119）、（4-120）、（4-121）和（4-124）的理论结果可知，实现信息完美传输的时间条件不仅取决于自旋链体系自身的物理特性，还取决于近邻格点间磁感应强度的差值。因而可以根据信息传输的实际需要，通过改变 B 值的大小来调控信息完美传输的时间条件。

（2）在保证信息完美传输的同时，如果要求增长信息传输的时间，可以通过减小式（4-122）所示的各格点处的 B 值来实现；而若要求缩短信息传输的时间，则需增大 B 值。

（3）依据式（4-124），利用数值分析，可给出实现信息完美传输的时间条件与 B 之间的变化趋势图（见图 4-1）。为方便处理，作图时将 π/λ 取作了 1，因而横轴只代表 B 的相对取值，而不是绝对数值。同时，为了保证调控效果，B 的取值为相对较弱的范围 0~0.001。

（4）人为调控对于不同格点数的自旋链而言是相同的，也就是说一旦信息完美传输的时间确定，那么无论自旋链的格点数是多少，所需要的 B 的数值都是相同的。

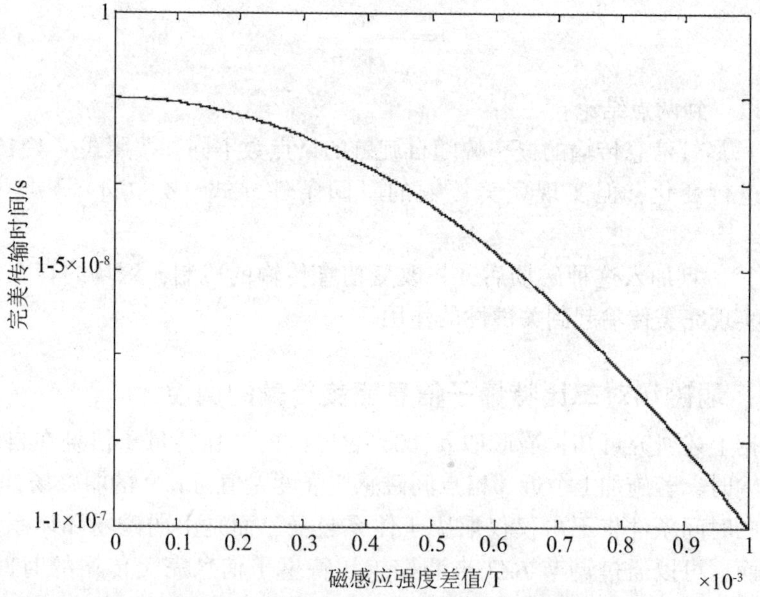

图 4-1　完美传输时间随 B 值的变化趋势

总之，本节内容以弱磁场对 $N=3$ 自旋链上二比特量子信息完美传输的调控理论为基础，分别对于 $N=4$ 和 $N=5$ 的自旋链引入近邻格点磁感应强度差值为 $B/2$ 的中心对称弱磁场，研究了该磁场对二比特量子信息完美传输的影响。根据信息传输的概率幅随自旋链格点数变化的规律，将磁场的影响推广至任意格点数自旋链的情形，结果表明：尽管在不同格点数的自旋链上二比特量子信息传输的概率幅不同，但实现完美传输的时间条件却与链的格点数无关，且实现完美传输的时间由自旋链体系和磁场共同决定。以此结论为依据，提出通过改变自旋链近邻格点间磁感应强度的差值，可以实现二比特量子信息在任意格点数自旋链上完美传输的量子调控。

参考文献

[1] 漆安慎，杜婵英. 普通物理学教程：力学［M］. 2版. 北京：高等教育出版社，2005.

[2] 朗道，E. M. 栗弗席兹. 理论物理学教程：第一卷 力学［M］. 李俊峰，鞠国兴，译. 北京：高等教育出版社，2007.

[3] 同济大学应用数学系. 线性代数［M］. 北京：高等教育出版社，1981.

[4] 梁昆淼. 数学物理方法［M］. 3版. 北京：高等教育出版社，1998.

[5] 黄涛. 博弈论教程［M］. 北京：首都经济贸易大学出版社，2004.

[6] 同济大学数学系. 高等数学：上，下［M］. 北京：高等教育出版社，2007.

[7] 朗道，E. M. 栗弗席兹. 量子力学［M］. 严肃，译. 北京：人民教育出版社，1980.

[8] 曾谨言. 量子力学［M］. 北京：科学出版社，1981.

[9] 蔡建华. 量子力学［M］. 北京：高等教育出版社，1984.

[10] 曾谨言. 量子力学导论［M］. 2版. 北京：北京大学出版社，1998.

[11] 曾谨言. 量子力学：卷Ⅰ，Ⅱ［M］. 4版. 北京：科学出版社，2000.

[12] 陈鄂生. 量子力学基础教程［M］. 济南：山东大学出版社，2002.

[13] 曾谨言，龙桂鲁，裴寿镛. 量子力学新进展：三，四［M］. 北京：清华大学出版社，2003.

[14] 王文正，柯善哲，刘全慧. 量子力学朝花夕拾［M］. 北京：科学出版社，2004.

[15] MICHAEL A，NIESLSEN ISAAC L，CHUANG. 量子信息和量子计算［M］. 赵千川，译. 北京：清华大学出版社，2004.

[16] 倪光炯，陈苏卿. 高等量子力学［M］. 2版. 上海：复旦大学出版社，2005.

[17] 费恩曼，莱顿，桑兹. 费恩曼物理学讲义［M］. 潘笃武，李洪芳，译. 上海：上海科学技术出版社，2006.

[18] 马瑞霖. 量子密码通讯［M］. 北京：科学出版社，2006.

[19] 周世勋. 量子力学教程［M］. 2版. 北京：高等教育出版社，2009.
[20] 王清亮. 量子信息传输理论研究［M］. 长春：吉林大学出版社，2020.
[21] 李威，赵红敏，林家逖. 量子博弈论及其应用［J］. 大学物理，2003，22（12）：3-9.
[22] 苏晓琴，郭光灿. 量子通信与量子计算［J］. 量子电子学报，2004，21（10）：706-718.
[23] 张鲁殷，张广剑，周森林，等. 量子博弈的优越性分析［J］. 山东科技大学学报（社会科学版），2005，7（4）：19-21.
[24] 惠小强，陈文学. 自旋量子链在信息中的应用［J］. 西安邮电学院学报，2005，10（4）：107-110.
[25] 王龙，王静等. 量子博弈：新方法与新策略［J］. 智能系统学报，2008，3（4）：294-297.
[26] 张舒宁，马思佳，王奕涵，等. 不同噪声信道对多硬币量子博弈影响的探究［J］. 量子光学学报，2022，28（02）：107-113.
[27] 任恒峰，王清亮. 量子骰子［J］. 量子电子学报，2008，25（3）：272-275.
[28] 任恒峰，王清亮. 实现量子信息传输的新方案［J］. 山西大学学报（自然科学版），2010，33（1）：97-100.
[29] 任恒峰，王清亮，侯胜侠，等. 任意态量子信息在自旋链上的传输［J］. 量子电子学报，2012，29（5）：572-576.
[30] 任恒峰，王清亮. 实现量子异或门的一种新方案［J］. 山西大学学报（自然科学版），2018，41（03）：552-556.
[31] 任恒峰，王清亮，王鹏. 量子与非门和量子或非门的理论实现［J］. 山西大学学报（自然科学版），2022，45（01）：145-150.
[32] 任恒峰，王清亮，王鹏. 二比特量子信息在任意格点数自旋链上完美传输的调控［J］. 武汉大学学报（理学版），2022，68（06）：680-686.
[33] 王清亮，任恒峰. 量子与门的实现［J］. 山西大学学报（自然科学版），2008，31（4）：535-538.
[34] 王清亮，任恒峰. 两硬币量子博弈［J］. 山西大学学报（自然科学版），2011，34（4）：617-620.
[35] 王清亮，任恒峰. 弱磁场对N=3自旋链上量子信息传输的影响［J］. 量子电子学报，2016，33（6）：572-576.
[36] 王清亮，任恒峰. 利用两硬币量子博弈实现量子异或门［J］. 大学物理，2018，37（04）：5-7.
[37] 王清亮，任恒峰. N=4自旋链上量子信息在弱磁场中的传输研究［J］.

量子电子学报，2018，35（4）：439-443.
[38] 王清亮，任恒峰，徐凌霞. 弱磁场中 N=5 的自旋链上量子信息完美传输 [J]. 量子电子学报，2019，36（1）：47-52.
[39] 王清亮，任恒峰，黎梓浩. 利用单硬币量子博弈实现量子同或门的研究 [J]. 量子光学学报，2019，25（01）：36-39.
[40] 王清亮，任恒峰. 借助磁场对量子信息完美传输的量子调控 [J]. 云南大学学报 [J]. 2019，41（6）：1164-1168.
[41] 王清亮，任恒峰. N=3 的自旋链上二比特量子信息传输的调控 [J]. 武汉大学学报（理学版），2020，66（06）：561-564.
[42] REN H F, WANG Q L. Quantum Game of two Discriminable Coins [J]. Int. J. Theor. Phys, 2008, 47 (6): 1828-1835.
[43] WANG Q L, REN H F, LIAN R M, et al. New scheme on how to realize quantum NOT gate e [J]. Indian. J. Phys, 2011, 85 (3): 471-476.
[44] REN H F, WANG Q L, LIAN R M, et al. A scheme to cancel out superiority of quantum strategies in coin-tossing game [J]. Indian. J. Phys, 2014, 88 (3): 271-274.
[45] WANG Q L, REN H F. Quantum control of quantum information perfect transfer in arbitrary length spin chain [J]. Indian. J. Phys, 2021, 95 (3): 439-442.
[46] WANG Q L, REN H F, WANG P. Research on controlling the perfect transfer of the two-qubit quantum information in spin chain [J]. Indian. J. Phys, 2022, 96 (2): 391-397.
[47] MEYER D A. Quantum Strategies [J]. Phys. Rev. Lett, 1999, 82: 1052.
[48] BOSE S. Quantum communication through an unmodulated spin chain [J]. Phys. Rev. Lett, 2003, 91: 207901.
[49] BENJAMIN S C, BOSE S. Quantum computing with an always-on Heisenberg Interaction [J]. Phys. Rev. Lett, 2003, 90: 247901.
[50] NGUYEN B, ZHAN A. Optimal processing of quantum information via W-type entangled coherent states [J]. Phys. Rev. A, 2004, 69: 022315.
[51] CHRISTANDL M, DATTA N, EKERT A, et al. Perfect State Transfer in Quantum Spin Network [J]. Phys. Rev. Lett, 2004, 92: 187902.
[52] HASELGROVE H L. Optimal state encoding for quantum walks and quantum communication over spin systems [J]. Phys. Rev. A, 2005, 72: 062326.
[53] CHRISTANDL M, DATTA N, DORLAS T C, et al. Perfect transfer of arbi-

trary states in quantum spin networks [J]. Phys. Rev. A, 2005, 71: 032312.

[54] SHI T, LI Y, SONG Z, et al. Quantum-state transfer via the ferromagnetic chain in a spatially modulated field [J]. Phys. Rev. A, 2005, 71: 032309.

[55] GONG J B, BRUMER P. Controlled quantum state transfer in a spin chain [J]. Phys. Rev. A, 2007, 75: 032331.

[56] AJOY A, CAPPELLARO P. Perfect quantum transport in arbitrary spin networks [J]. Phys. Rev. B, 2007, 87: 064303.

[57] CHEN J L, WANG Q L. Perfect Transfer of Entangled States on Spin Chain [J]. Int. J. Theor. Phys, 2007, 46 (3): 614-624.

[58] HEULE R, BRUDER C. Daniel Burgarth, et al. Local quantum control of Heisenberg spin chains [J]. Phys. Rev. A, 2010, 82: 052333.

[59] AJOY A, CAPPELLARO P. Mixed-state quantum transport in correlated spin networks [J]. Phys. Rev. A, 2012, 85: 042305.

[60] VINET L, ZHEDANOV A. Almost perfect state transfer in quantum spin chains [J]. Phys. Rev. A, 2012, 86: 052319.

[61] ZIPPILLI S, GIAMPAOLO S M, ILLUMINATI F. Surface entanglement in quantum spin networks [J]. Phys. Rev. A, 2013, 87: 042304.

[62] CILIBERTI L, CANOSA N, ROSSIGNOLI R. Discord and information deficit in the XX chain [J]. Phys. Rev. A, 2013, 88: 012119.

[63] PAGANELLI S, LORENZO S, APOLLARO T J G, et al. Routing quantum information in spin chains [J]. Phys. Rev. A, 2013, 87: 062309.

[64] RAFIEE M, LUPO C, MANCINI S. Noise to lubricate qubit transfer in a spin network [J]. Phys. Rev. A, 2013, 88: 032325.

[65] IGARASHI H, SHIMIZU Y, KOBAYASHI Y. Spin disorder in an Ising honeycomb chain cobaltate [J]. Phys. Rev. B, 2014, 89: 054431.

[66] NORTHUP T E, BLATT R. Quantum information transfer using photons. Nature Photonics [J]. 2014, 8: 356.

[67] JAVAHERIAN C, TWAMLEY J. Robustness of optimal transport in one-dimensional particle quantum networks [J]. Phys. Rev. A, 2014, 90: 042313.

[68] VOSK R, ALTMAN E. Dynamical Quantum Phase Transitions in Random Spin Chains [J]. Phys. Rev. Lett, 2014, 112: 217204.

[69] CAI Y, FENG J L, WANG H L, et al. Quantum network generation based on four-wave mixing [J]. Phys. Rev. A, 2015, 91: 013843.

[70] YI H M. Quantum phase transition of the transverse field quantum Ising model on scale-free networks [J]. Phys. Rev. E, 2015, 91: 012146.

[71] ANZA F, CHIRCO G. Typicality in spin-network states of quantum geometry [J]. Phys. Rev. D, 2016, 94: 084047.

[72] BAZHANOV D I, STEPANYUK O V, FARBEROVICH O V, et al. Classical and quantum aspects of spin interaction in 3d chains on a Cu3N-Cu (110) molecular network [J]. Phys. Rev. B, 2016, 93: 035444.

[73] PICOT T, ZIEGLER M, ORUS R, et al. Spin-S kagome quantum antiferromagnets in a field with tensor networks [J]. Phys. Rev. B, 2016, 93: 060407 (R).

[74] PIANET V, URDAMPILLETA M. COLIN T, et al. Magnetic tetrastability in a spin chain [J]. Phys. Rev. B, 2016, 94: 054431.

[75] NETO G D D M, ANDRADE F M, MONTENEGRO V, et al. Quantum state transfer in optomechanical arrays [J]. Phys. Rev. A, 2016, 93: 062339.

[76] SAWICHI A, KARMAS K. Criteria for Universality of Quantum Gates [J]. Phys. Rev. A, 2017, 95: 062303.

[77] CHRISTANDL M, VINET L, ZHEDANOV A. Analytic next-to-nearest-neighbor XX models with perfect state transfer and fractional revival [J]. Phys. Rev. A, 2017, 96: 032335.

[78] LI X, MA Y, HAN J, et al. Perfect Quantum State Transfer in a Superconducting Qubit Chain with Parametrically Tunable Couplings [J]. Phys. Rev. Appl, 2018, 10: 054009.

[79] STEVEN B. GIDDINGS, ROTA M. Quantum information or entanglement transfer between subsystems [J]. Phys. Rev. A, 2018, 98: 062329.

[80] ZHANG C-L, LIU W-W. Generation of W state by combining adiabatic passage and quantum Zeno techniques [J]. Indian. J. Phys, 2019, 93 (1): 67-73.

[81] JOEL W L, JEAN R A T, HUIYI L, et al. Parrondo Paradoxical Walk using Four-sided Quantum Coins [J]. Phys. Rev. E, 2020, 102: 012213.

[82] GE X, DING H, HERSCHEL R, et al. Robust Quantum Control in Games: An Adversarial Learning Approach [J]. Phys. Rev. A, 2020,

101：052317.
[83] JOEL W L, KANG H C. Parrondo Effect in Quantum Coin-toss Simulations [J]. Phys. Rev. E, 2020, 101: 052212.
[84] ZHONG H S, WANG H, DENG Y H, et al. Quantum computational advantage using photons [J]. Science, 2020, 370 (6523): 1460-1463.
[85] JOEL W L, KANG H C. Chaotic Switching for Quantum Coin Parrondo's Games with Application to Encryption [J]. Phys. Rev. Research, 2021, 3: L022019.
[86] HUANG Y T, Dong LIN J D, Yu KU H Y, et al. Benchmarking quantum state transfer on quantum devices [J]. Phys. Rev. Research, 2021, 3: 023038.